彩图 13　树种识别 5

彩图 14　树种识别 6

彩图 15　树种识别 7

彩图 16　树种识别 8

彩图 17　满头红

彩图 18　南丰蜜橘

彩图 19　福橘

彩图 20　朱红橘

彩图 21　温州蜜柑

彩图 22　槾橘

彩图 23　红土

彩图 24　黄土

彩图 25　黏土

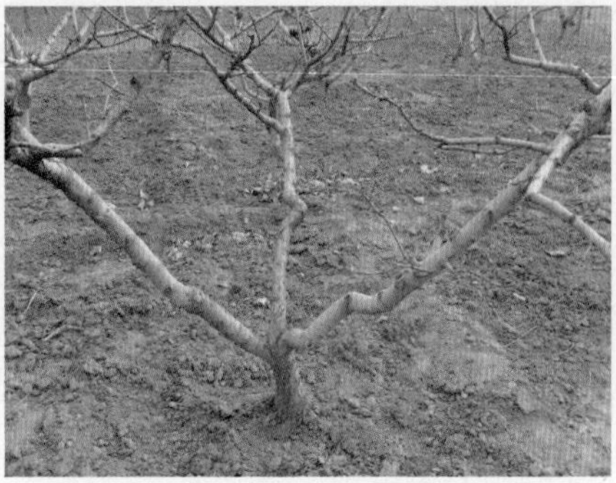

彩图 26　壤土

彩图 27　砂砾土

彩图 28　砾石土

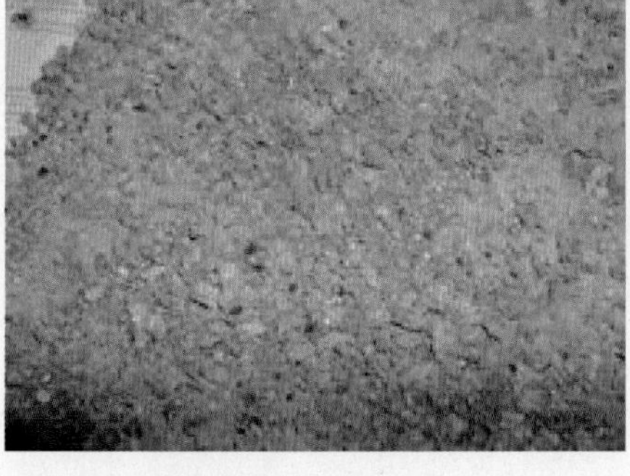

彩图 29　煤渣土

彩图 30　建筑残渣土

彩图 31　缺氮症

彩图 32　缺磷症

彩图 33　缺钾症

彩图 34　缺镁症

彩图 35　缺锌症

彩图 36　缺钼症

彩图 37　缺铜症

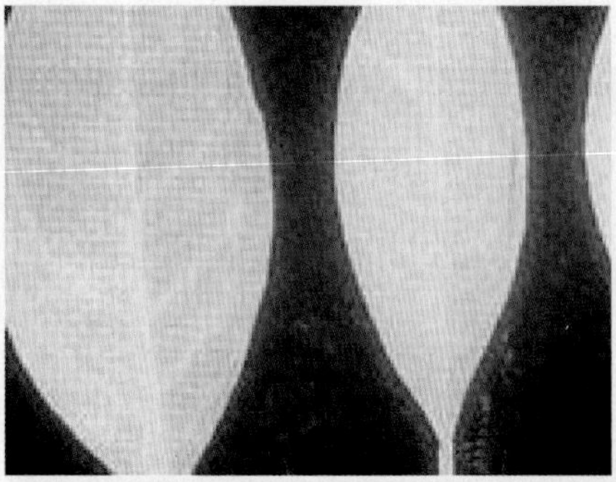

彩图 38　缺硫症

彩图 39　缺铁症

彩图 40　缺锰症

彩图 41　缺钙症

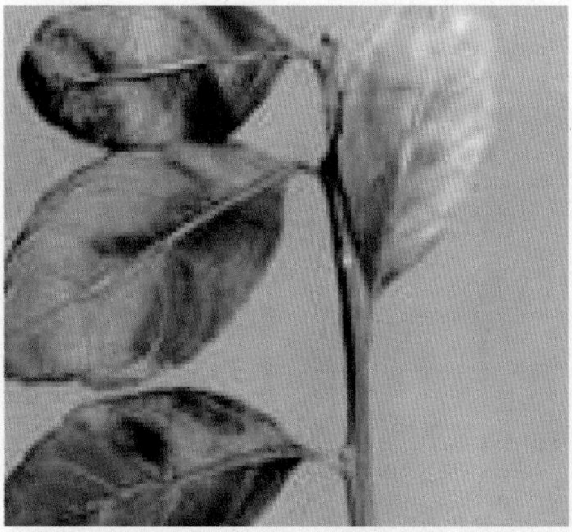

彩图 42　缺硼症

彩图 43　柑橘黄化病(缺素症)

彩图 44　柑橘黄龙病

彩图 45　柑橘溃疡病

彩图 46　柑橘线虫病(根瘤)

彩图 47　柑橘线虫病(叶缘卷曲)

彩图 48　柑橘煤烟病

彩图 49　柑橘黑刺粉虱(放大图)

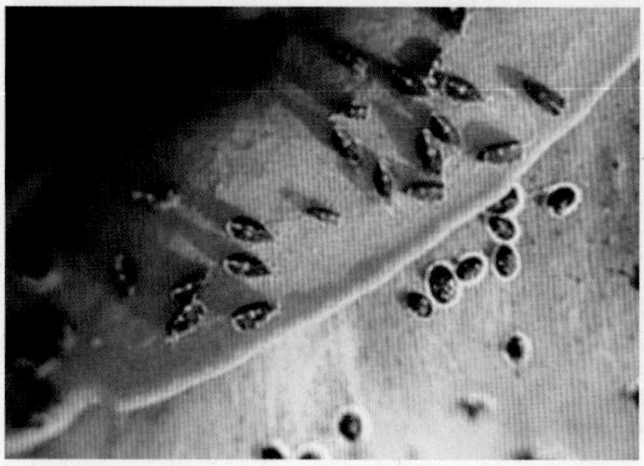

彩图 50　柑橘黑刺粉虱(实图)

彩图 51　柑橘蚜虫

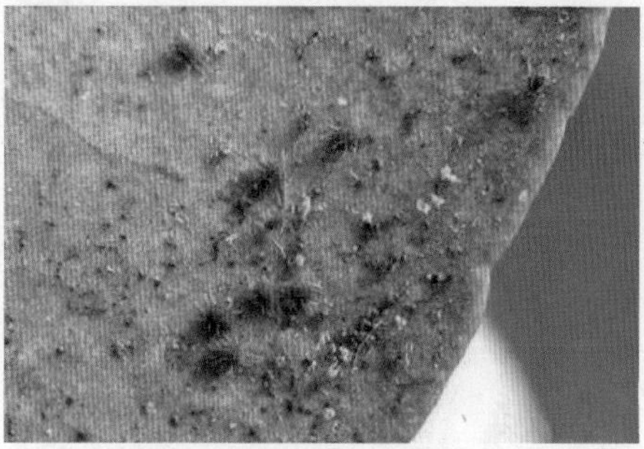

彩图 52　柑橘红蜘蛛(放大)

彩图 53　柑橘红蜘蛛(实图)

彩图 54　柑橘蜗牛

彩图 55　柑橘裂皮病

彩图 56　柑橘树脂病

彩图 57　柑橘炭疽病

彩图 58　柑橘根腐病

彩图 59　柑橘黑点病

彩图 60　柑橘绿霉病

彩图 61　柑橘白粉病

彩图 62　柑橘树脂病

彩图 63　柑橘疮痂病

彩图 64　柑橘锈壁虱危害状

彩图 65　柑橘蜗牛危害状

彩图 66　柑橘糠片蚧危害状

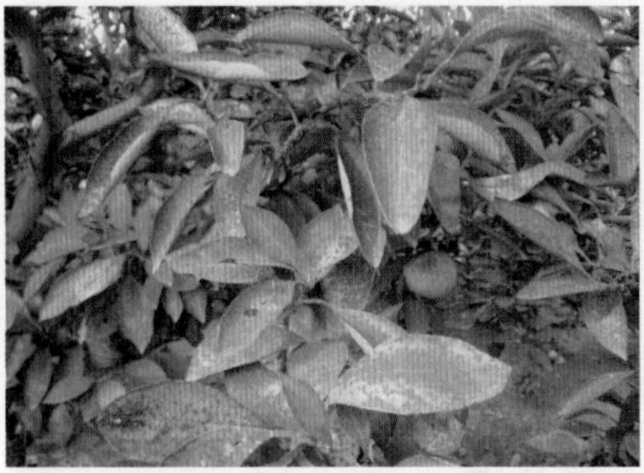

彩图 67　柑橘煤烟病

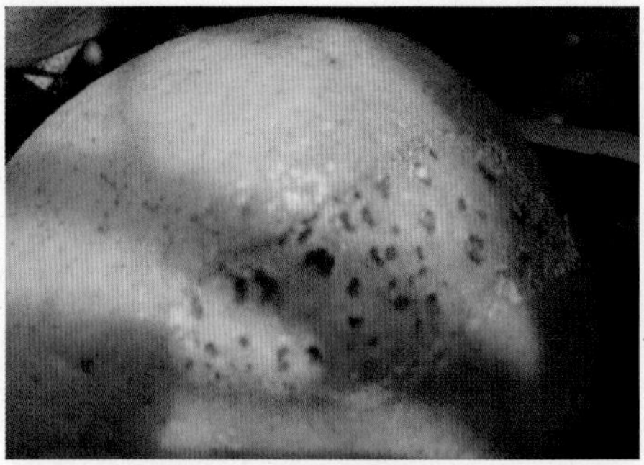

彩图 68　柑橘糠片蚧

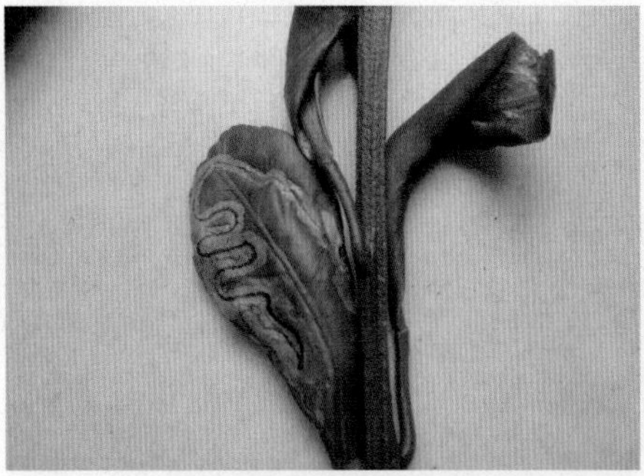

彩图 69　柑橘潜叶蛾危害状

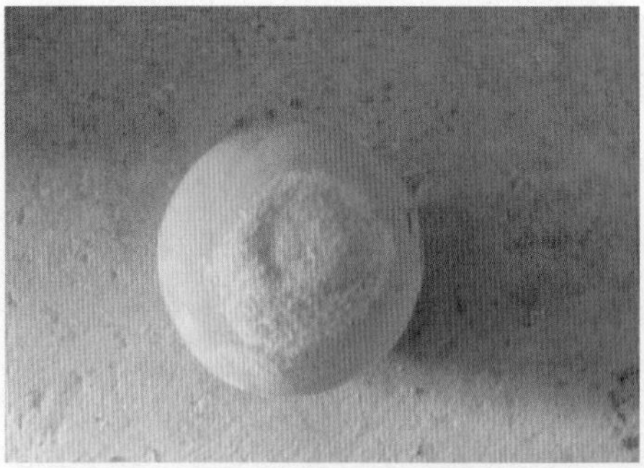

彩图 70　柑橘青霉病

彩图 71　天牛

彩图 72　矢尖蚧

彩图 73　蚜虫

彩图 74　小黄卷叶蛾

彩图 75　柑橘红蜡蚧

彩图 76　柑橘褐园蚧

彩图 77　柑橘潜叶蛾

彩图 78　柑橘吹绵蚧

彩图 79　橘白粉虱

彩图 80　肥料识别 1

彩图 81　肥料识别 2

彩图 82　肥料识别 3

彩图 83　肥料识别 4

1+X 职业技术·职业资格培训教材

GANJUZAIPEI

柑橘栽培

主　编　李德良
主　审　衡　辉

中国劳动社会保障出版社

图书在版编目(CIP)数据

柑橘栽培/上海市职业技能鉴定中心等组织编写. —北京：中国劳动社会保障出版社，2014

1+X 职业技术·职业资格培训教材

ISBN 978-7-5167-1181-1

Ⅰ.①柑…　Ⅱ.①上…　Ⅲ.①柑桔类果树-果树园艺-技术培训-教材　Ⅳ.①S666

中国版本图书馆 CIP 数据核字(2014)第 114490 号

中国劳动社会保障出版社出版发行

（北京市惠新东街 1 号　邮政编码：100029）

*

北京市艺辉印刷有限公司印刷装订　新华书店经销

787 毫米×1092 毫米　16 开本　11 印张　7 彩插页　223 千字

2014 年 6 月第 1 版　2014 年 6 月第 1 次印刷

定价：32.00 元

读者服务部电话：(010) 64929211/64921644/84643933

发行部电话：(010) 64961894

出版社网址：http://www.class.com.cn

内容简介

本教材由人力资源和社会保障部教材办公室、中国就业培训技术指导中心上海分中心、上海市职业技能鉴定中心依据上海 1+X 柑橘栽培职业技能鉴定细目组织编写。教材从强化培养操作技能、掌握实用技术的角度出发，较好地体现了当前最新的实用知识与操作技术，对于提高从业人员基本素质、掌握柑橘栽培的核心知识与技能有直接的帮助和指导作用。

本教材根据本职业的工作特点，从掌握实用操作技能、以能力培养为根本出发点，采用模块化的编写方式编写。全书内容分为 6 章，主要包括：概述，柑橘的生物学特性，柑橘育苗、建园、栽植，柑橘栽培管理，柑橘病虫害防治和柑橘果实采收、储藏。各章着重介绍相关专业理论知识与专业操作技能，使理论与实践得到有机的结合，每章结束配有测试题，全书最后附一套理论知识考试模拟试卷及答案和操作技能考核模拟试卷。

本教材可作为柑橘栽培职业技能培训与鉴定考核教材，也可供全国其他地区从事柑橘栽培的人员学习掌握先进栽培技术，进行鉴定考核、岗位培训或就业培训使用。

前　言

职业培训制度的积极推进，尤其是职业资格证书制度的推行，为广大劳动者系统地学习相关职业的知识和技能，提高就业能力、工作能力和职业转换能力提供了可能，同时也为企业选择适应生产需要的合格劳动者提供了依据。

随着我国科学技术的飞速发展和产业结构的不断调整，各种新兴职业应运而生，传统职业中也越来越多、越来越快地融进了各种新知识、新技术和新工艺。因此，加快培养合格的、适应现代化建设要求的高技能人才就显得尤为迫切。近年来，上海市在加快高技能人才建设方面进行了有益的探索，积累了丰富而宝贵的经验。为优化人力资源结构，加快高技能人才队伍建设，上海市人力资源和社会保障局在提升职业标准、完善技能鉴定方面做了积极的探索和尝试，推出了 1+X 培训与鉴定模式。1+X 中的 1 代表国家职业标准，X 是为适应经济发展的需要，对职业的部分知识和技能要求进行的扩充和更新。随着经济发展和技术进步，X 将不断被赋予新的内涵，不断得到深化和提升。

上海市 1+X 培训与鉴定模式，得到了国家人力资源和社会保障部的支持和肯定。为配合上海市开展的 1+X 培训与鉴定的需要，人力资源和社会保障部教材办公室、中国就业培训技术指导中心上海分中心、上海市职业技能鉴定中心联合组织有关方面的专家、技术人员共同编写了职业技术·职业资格培训系列教材。

职业技术·职业资格培训教材严格按照 1+X 鉴定考核细目进行编写，教材内容充分反映了当前从事职业活动所需要的核心知识与技能，较好地体现了适用性、先进性与前瞻性。聘请编写 1+X 鉴定考核细目的专家，以及相关行业的专家参与教材的编审工作，保证了教材内容的科学性及与鉴定考核细目以及题库的紧密衔接。

职业技术·职业资格培训教材突出了适应职业技能培训的特色，使读者通过学习与培训，不仅有助于通过鉴定考核，而且能够有针对性地进行系统学习，真正掌握本职业的核心技术与操作技能，从而实现从懂得了什么到会做什么的飞跃。

职业技术·职业资格培训教材立足于国家职业标准，也可为全国其他省市开展新职业、新技术职业培训和鉴定考核，以及高技能人才培养提供借鉴或参考。

新教材的编写是一项探索性工作，由于时间紧迫，不足之处在所难免，欢迎各使用单位及个人对教材提出宝贵意见和建议，以便教材修订时补充更正。

人力资源和社会保障部教材办公室
中国就业培训技术指导中心上海分中心
上海市职业技能鉴定中心

目　录

第1章

概　述

柑橘（见彩图1），不能写作“柑桔”，拉丁文为“Citrus eticulate Banco”。尤其应当指出的是，“桔”不是“橘”的简化字。“桔”读“jié”，经常组成的词语有“桔槔”和“桔梗”。桔槔是一种可以省力的汲水工具，桔梗是一种供观赏的多年生草本植物，根能入药，有止咳祛痰的作用。

柑橘起源于亚洲东南部，绝大多数种类喜阳光温热气候，冬季不落叶，有一段短暂的休眠期。果实为含有大量水和糖分的汁胞结构，可使其种子度过一个明显干燥的旱季。从生理、生化、生态和形态结构等方面来看，本属植物不可能起源于热带。它们最适宜的生长地是有明显旱季的亚热带季雨林地带。中国长江以南地区，尤以五岭以南至中南半岛中部是本属植物的起源中心，也是本属植物的栽培起源地和现代栽培中心之一。

柑橘有许多的种属，主要有橙子、葡萄柚、柠檬及可剥皮的种属，属常绿小乔木或灌木，高约2 m。小枝较细弱，无毛，通常有刺。叶长卵状披针形，长4～8 cm。花黄白色，单生或簇生叶腋。果扁球形，径5～7 cm，橙黄色或橙红色，果皮薄易剥离。春季开花，10—12月份果熟。性喜温暖湿润气候，耐寒性较柚、酸橙、甜橙稍强。

柑橘属于芸香料柑橘类植物。它既可以广义地泛指包括柑橘属中的宽皮柑橘、甜橙、柚子以及金柑属等柑橘类果树的总称，也可狭义地单指宽皮柑橘类果树。宽皮柑橘类果树又可进一步细分为普通柑、温州蜜柑、红橘和黄橘四类。因其果实形扁而果皮宽松易剥，故俗称扁橘或宽皮柑橘。

第1节　柑橘的分类、特性、分布范围

学习单元1　柑橘在植物学中的分类与种群

学习目标

了解柑橘的分类、种群。

能够对柑与橘、橙进行区别。

知识要求

1. 柑橘在植物学中的分类与种群

柑橘是一种小乔木或灌木类果树，属于植物学分类中的芸香料、柑橘属，共分以下5个大类：

（1）柑类。有温州蜜柑、椪柑、蕉柑及通过嫁接而形成的新一代杂柑等，品种很多（见彩图2）。

（2）橘类。有黄皮橘、本地早、朱橘、南丰蜜橘（见彩图3）、满头红、福橘、红橘等。

特别提示

以上柑与橘两大类统称宽皮柑橘类，是柑橘属中的主要种类，在我国种植面积多，分布范围广。

（3）柚类（见彩图4）。有红心柚、沙田柚、官溪蜜柚等数十种。

主要生长特征：树势中等开张，叶大，果大，平均单果重1 000 g左右。果皮黄色，光滑，果肉柔软汁多，甜酸适中，清香可口，是上佳的水果礼品。

（4）橙类。橙有野生橙和甜橙两种，以果实的形态结构可分为普通甜橙、脐橙（见彩图5）和血橙三大类，常见的为脐橙。

脐橙又分朋娜、青家、血橙、纽荷尔等，主要分布于广东、浙江等地，上海崇明横沙地区有少量栽培。

脐橙主要生长特征：生长势较强，成熟期在12月下旬，品质优。在四川等地生长良好，主要优点是树势强健，果形适中，整齐度较高，果肉鲜嫩，肉质优，是橙类中的发展品种。

（5）柠檬（见彩图6和彩图7）。柠檬（citrus lemon）是芸香科柑橘属的常绿小乔木，主要为榨汁用，有时也作烹饪调料，但基本不用作鲜食。柠檬由阿拉伯人带到欧洲，古希腊、古罗马的文献中均无记载，15世纪时才在意大利热那亚开始种植，1494年在亚速尔群岛出现。柠檬原产于马来西亚，目前地中海沿岸、东南亚和美洲等地都有分布，中国台湾、福建、广东、广西等地也有栽培。美国和意大利是柠檬的著名产地，法国则是世界上食用柠檬最多的国家。

柠檬又称柠果、洋柠檬、益母果等，富含维生素C。因其味极酸，肝虚孕妇最喜欢，故称益母果或益母子。柠檬中含有丰富的柠檬酸，因此被誉为“柠檬酸仓库”；因为味道特酸，故只能作为上等调味料，用来调制饮料菜肴、化妆品和药品。

现在有一种心形柠檬（见彩图 8），是园艺家培育的新品种。

2. 柑与橘、橙的异同

有的学者认为柑与橘、橙是两个不同的物种，也有的学者认为柑是橘与橙类杂交的后代。园艺学家常以花的大小、果皮贴着果瓣的宽紧度、中果皮的颜色及厚薄度、种子的形状和子叶的颜色等性状来区别柑和橘。但由于存在不少过渡类型，且这些类型几乎都是杂交后代，事实上把柑与橘截然分成两个不同种极其困难。从亲系起源推论，多数柑类明显地显示出它们与橙类（包括非甜橙类）杂交的杂种特征与性状。而橘类大抵以黄皮橘类较为原始，红皮橘类则是黄皮橘类向北方推移遇到光、温等外界条件的改变而产生的。

3. 宽皮柑橘

宽皮柑橘是人们最常食用的一种柑橘，宽皮柑橘又可进一步细分为普通柑、温州蜜柑、红橘和黄橘四类。因其果实形扁而果皮宽松易剥得名。

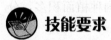

技能要求

树种识别

操作准备：

(1) 60～70 m^2 教室。

(2) 多媒体放映设备（或考生每人一台计算机）。

(3) 识别用的柑橘树种图片。

操作步骤：

步骤 1　按计算机所示图片认真审视。

步骤 2　按顺序规范辨别所示图片（见彩图 9～彩图 16）。

注意事项：

(1) 使用中文名称标准学名。

(2) 识别时有错别字算错。

果实识别

操作准备：

(1) 60～70 m^2 教室。

(2) 多媒体放映设备（或考生每人一台计算机）。

(3) 识别用的柑橘果实图片（见彩图 17～彩图 22）。

操作步骤：

步骤 1　按计算机所示图片认真审视。

步骤 2　按顺序规范辨别所示图片。

注意事项：

(1) 使用中文名称标准学名。

(2) 识别时有错别字算错。

学习单元 2　温州蜜柑不同的生长特征、特性

学习目标

了解温州蜜柑的分类、种群。

了解温州蜜柑不同的生长特征、特性。

知识要求

温州蜜柑可以分为三大类：早熟类、特早熟类、中晚熟类。

一、早熟类

1. 主要品种

有宫川、龟井、兴津、青江等近百个品种。

2. 主要生长特征与特性

生长势中等，叶片中等大小，枝条较紧凑，枝条表皮较粗糙，节间较短。果实高扁圆形，单果重 100～150 g 左右，成熟期在 10 月中旬。成熟果实橙色或橙黄色，无核，果肉柔嫩、化渣，果汁多，风味浓，糖酸比适中。经嫁接的苗木栽植后三年即开始见果，具有早结果、早丰产、抗逆性强、品质优的特点。宫川是上海地区适宜栽培的品种之一。

二、特早熟类

1. 主要品种

有宫本、桥本、石啄、德森、日楠、崎久保、池田、市文等。

2. 主要生长特征与特性

树体矮化开张，叶小，枝条细短，生长紧凑、节间短。果实成熟期早，果皮薄、肉嫩

汁多、化渣。缺点是树势较弱，易遭冻害，生产上必须注意避冻栽培技术，是上海地区可栽培的优良种群。

三、中晚熟类

1. 主要品种

有尾张、南柑、久能等。

2. 主要生长特征与特点

树体生长势强、自然开张，枝条生长势旺。尾张有大叶与小叶两大类，大叶尾张叶片较大、枝条长并具披垂性，节间长，表皮光滑。幼树期生长势嫩旺，不易坐果，结果期迟；成年树产量高，增产潜力大，果实呈扁圆形，中等大小，单果重 100～120 g，果皮具韧性，机械损伤率低，果肉较嫩，但比宫川化渣性差，糖度高，风味较好，耐储运，成熟期较迟，上海地区因气候等多种因素不作重点栽培品种。

小叶尾张梢多、花多、落花落果多，裂果多，坐果率极低，进入盛果期的 8～10 年生树，平均株产只有 13 kg，最高株产 20 kg。上海地区因气候等多种因素影响，上述两种均不作重点发展品种。

学习单元 3　我国柑橘的简要分布

学习目标

了解我国柑橘的简要分布。

知识要求

我国柑橘（以下均指宽皮柑橘）主要分布在长江流域以南各省，著名品种有湖南、浙江、湖北、四川、江西等地的温州蜜柑（又称无核橘），四川、福建等地的红橘（俗称川橘、福橘），浙江、湖南、湖北的朱橘（又称朱红橘、迟橘），江西的南丰蜜橘（又称金钱蜜橘），浙江的早橘（也称黄岩蜜橘）和本地早（也称天台山蜜橘），以及广东、福建、广西、台湾的蕉柑（又称桶柑椪柑）等。

在温州蜜柑中，又有宫川、龟井、兴律、立间等早熟品系，山田、米泽、南柑 20 号等中早熟品系以及尾张、南柑 4 号等中熟品系。而青岛等晚熟品系在北缘橘区果实不能良好成熟。

宽皮柑橘尤其是温州蜜柑，是柑橘类果树中抗寒力较强的种类，柑橘北缘地区栽培的品种主要属于本种。

第 2 节 柑橘的栽培价值

学习目标

了解柑橘栽培的经济价值。

了解柑橘栽培的社会效益。

知识要求

一、营养价值

柑橘果实营养丰富，是继葡萄之外的第二大营养水果，据中国农科院柑橘研究所测定，柑橘果汁中含有多种人体及生命活动所需的营养物质，例如糖类（葡萄糖、蔗糖、果糖)、有机酸、维生素 C、维生素 D、纤维素、胡萝卜素、香精油以及淀粉、脂肪、蛋白质等。果肉柔软多汁，酸甜可口，深受广大群众喜爱。柑橘果实商品性强，可与苹果相媲美，不同品种熟期不一，鲜果供应期长，结合储藏，几乎可周年供应。除鲜食外，柑橘还可制成多种加工品，如橘子汁、橘子酱、糖水橘片罐头、橘子粉及蜜饯等。

二、经济价值

柑橘是一种多年生果树，在正常的栽培环境下，能连年结果，为果农持久产生效益。一般经过嫁接的柑橘树，定植三年就开始结果，四至五年开始投产，七至八年以后开始盛产。在正常的管理水平下，一般成年树每棵产量在 50 kg 左右，常年亩产量在 3 000 kg 左右，最高达 5 000 kg 以上。按历年销售价（每千克 1.2～1.4）元计算，亩产值可达 4 000 元左右，最高达 6 000 元以上。而且，柑橘经济寿命长达 40～50 年，是水果生产中具有生产潜力和发展前途的果树种类之一。

三、药用价值

柑橘除了鲜食和加工之外，还能作为制药的重要原料。据资料表明，柑橘的果皮、橘络以及树的根系组织，经加工提炼，可作为重要的中药材，对促进人体生命活动，消除疲劳，健脾和胃、舒肝，降低血脂和血压，增强毛细血管弹性，防止动脉硬化都具有一定的作用。柑橘全身无废物，除果肉可供充分利用外，橘皮可用来提取果胶和高级香精油，橘皮、橘络和橘核都可入药，有祛痰、健胃、理气等功效。

四、生态绿化价值

柑橘树是一种常绿果树，叶片四季常青，能通过光合作用制造养分，释放出氧气，供人类呼吸利用，有利于人类的健康。

发展柑橘果树，对美化生态环境，提高绿化覆盖率有着重要的意义。上海是我国最大的商业城市，其绿化覆盖率在12%左右，崇明三岛的柑橘产业为绿化覆盖率进一步提高做出了贡献。随着柑橘生产的发展，凸显了市郊生态农业林果产业的全面发展，形成了一个以生态农业、生态旅游和生态环境为一体的生态产业链，既有经济价值又有生态价值。

五、社会价值

柑橘产业的发展，促进了农民在当地就业，增加了农民收入，在一定程度上推进了社会的和谐发展。以柑橘栽培为主，也推进了其他相关产业的共同发展，在柑橘生产管理、产品加工和商品销售过程中，许多行业与柑橘产业起到了融合作用，许多闲散农民工在其中也得到了实惠。从交通运输、餐饮、旅馆行业的经营效益，到周边地区农民工的劳动收益，都与柑橘规模化产业发展紧密相关。

多年来，崇明地区每年举办的柑橘节和森林生态旅游节，使都市市民走进了橘园，了解了崇明柑橘，使崇明柑橘的知名度越来越高。

第3节　柑橘业发展现状

学习目标

了解柑橘业的发展现状。

知识要求

一、发展概况

柑橘是一种喜欢温暖、潮湿的亚热带常绿果树，也是目前世界上种植面积最多，分布范围最广，产量最高的一大水果产业，总面积已达 667 万公顷；分布于 135 个国家和地区，年产量 1.03 亿 t 左右。

我国是世界柑橘的发源地，栽培历史悠久，早在四千年前人类就发现有野生树种。经科学家长期观察、考证，确认柑橘具有三个特点：一是属南方果树，只能在温暖潮湿的环境生长，对低温有很强的敏感性；二是属于喜肥果树，需要有充足的养分供应才能满足其生长结果；三是为常绿果树，四季常青。

我国是世界上栽培柑橘面积最广的国家，总面积达 133 万公顷，年产量（1 200～1 300）万吨。我国柑橘的种植主要分布在长江以南的十四个省、市、自治区，其中以四川、浙江、湖南、江西、福建五省为主产区。20 世纪 70 年代来以来，上海、江苏、安徽、甘肃、陕西等地的柑橘栽培也相继有所发展，但受气温限制，发展缓慢。

二、上海地区柑橘产业发展概况

上海是柑橘种植的次适宜区，早在 20 世纪 70 年代初期，崇明岛的新建副业场、长兴岛前卫农场以及上海县的鲁汇乡就开始发展柑橘产业，作为市郊柑橘生产发展基地。目前，上海郊区柑橘面积已达到 16 万市亩，主要分布于崇明、长兴和横沙三岛，年产量 20 万 t 左右。产品销往上海、江苏、山东等地，90 年代开始出口到加拿大、美国等国家。

上海郊区柑橘产业的发展，对郊区生态特色农业的发展，生态环境的改善，促进农业增效、农民增收，推进生态旅游业的发展，起到了重要作用。长期的生产实践证明，上海郊区可以发展柑橘产业。

测试题

一、单项选择题（选择一个正确的答案，将相应的字母填入题内的括号中）

1.（　　）水果市场对崇明柑橘的销售，具有重要的优势环境作用。

(A) 江苏　　(B) 新疆　　(C) 兰州　　(D) 广东

2. 崇明柑橘的销售，受到（　　）水果市场重要的优势环境影响。

(A) 江苏　　(B) 新疆　　(C) 兰州　　(D) 广东

3.（ ）水果市场对崇明柑橘的销售，具有重要的优势环境作用。

（A）兰州　（B）新疆　（C）江苏　（D）广东

4. 江苏水果市场对（ ）柑橘的销售，具有重要的优势环境作用。

（A）崇明　（B）浙江　（C）江西　（D）广东

5. 长江大桥和崇启大桥的通车，为（ ）的柑橘销售带来良好的契机。

（A）如东　（B）海门　（C）启东　（D）崇明三岛

6. 长江大桥和崇启大桥的通车，为（ ）的柑橘销售带来良好的契机。

（A）如东　（B）崇明三岛　（C）启东　（D）海门

7. 长江大桥和崇启大桥的通车，为崇明三岛的柑橘销售带来（ ）。

（A）良好的契机　（B）不良的后果

（C）不可估量的损失　（D）都不是

8. 下列说法正确的是（ ）。

（A）长江大桥和崇启大桥的通车，为启东的柑橘销售带来良好的契机

（B）长江大桥和崇启大桥的通车，为海门的柑橘销售带来良好的契机

（C）长江大桥和崇启大桥的通车，为崇明三岛的柑橘销售带来良好的契机

（D）长江大桥和崇启大桥的通车，为如东的柑橘销售带来良好的契机

9. 崇明、长兴、横沙三岛均属（ ）气候条件，有利于温州蜜柑的正常生长发育和安全越冬。

（A）高原　（B）海洋性　（C）岛屿　（D）长江流域

10. 崇明、长兴、横沙三岛均属海洋性气候条件，（ ）温州蜜柑的正常生长发育和安全越冬。

（A）有利于　（B）不利于　（C）不太适应　（D）特别不适应

11. 崇明、长兴、横沙三岛均属海洋性气候条件，有利于（ ）蜜柑的正常生长发育和安全越冬。

（A）安徽　（B）江西　（C）福建　（D）温州

12. 崇明、长兴、横沙三岛均属（ ）气候条件，有利于温州蜜柑的正常生长发育和安全越冬。

（A）岛屿　（B）高原　（C）海洋性　（D）长江流域

13. 2004 年以来，（ ）柑橘产区相继创建了国家级柑橘生产标准示范区，并拥有不同的品牌特色，先后被评为上海市名牌产品、上海市著名商标。

（A）崇明岛　（B）长兴岛　（C）横沙岛　（D）崇明三岛

14. 2004 年以来，崇明三岛柑橘产区相继创建了（ ）柑橘生产标准示范区，并拥有

不同的品牌特色，先后被评为上海市名牌产品、上海市著名商标。

(A) 国家级　(B) 部级　(C) 市级　(D) 县级

15. 2004 年以来，崇明三岛柑橘产区相继创建了国家级(　　)生产标准示范区，并拥有不同的品牌特色，先后被评为上海市名牌产品、上海市著名商标。

(A) 经济果林　(B) 特色农产品　(C) 果品　(D) 柑橘

16. 2004 年以来，崇明三岛柑橘产区相继创建了国家级柑橘生产标准示范区，并拥有不同的(　　)特色，先后被评为上海市名牌产品、上海市著名商标。

(A) 品牌　(B) 产品质量　(C) 区域　(D) 品种

17. 20 世纪 80 年代，随着农业生产结构的不断调整，柑橘产业(　　)，至 2006 年，上海市柑橘总面积已达 16 万市亩，崇明绿华地区柑橘种植面积达到 2.7 万市亩。

(A) 迅速发展　(B) 缓慢发展　(C) 停止发展　(D) 开始萎缩

18. 20 世纪 80 年代，随着农业生产结构的不断调整，柑橘产业迅速发展，至 2006 年，(　　)柑橘总面积已达 16 万市亩，崇明绿华地区柑橘面积达到 2.7 万市亩。

(A) 崇明岛　(B) 长兴岛、横沙岛

(C) 崇明三岛　(D) 上海市

19. 20 世纪 80 年代，随着农业生产结构的不断调整，柑橘产业迅速发展，至 2006 年，上海市柑橘总面积已达(　　)，崇明绿华地区柑橘种植面积达到 2.7 万市亩。

(A) 10 万市亩　(B) 13 万市亩　(C) 16 万市亩　(D) 19 万市亩

20. 20 世纪 80 年代，随着农业生产结构的不断调整，柑橘产业迅速发展，至 2006 年，上海市柑橘总面积已达 16 万市亩，崇明绿华地区柑橘种植面积达到（　　）。

(A) 2.0 万市亩　(B) 2.3 万市亩　(C) 2.7 万市亩　(D) 3.0 万市亩

21. 柑橘果汁除含多种糖类、有机酸、矿物质等外，还含有(　　)。

(A) 维生素 A　(B) 维生素 B　(C) 维生素 C　(D) 维生素 E

22. 柑橘果汁除含多种糖类、有机酸、矿物质等外，还含有(　　)。

(A) 维生素 A　(B) 维生素 C　(C) 维生素 D　(D) 维生素 P

23. 柑橘果汁除含多种糖类、有机酸、矿物质等外，果汁中的可溶性固形物主要是(　　)。

(A) 糖类　(B) 有机酸　(C) 矿物质　(D) 维生素 C

24. 柑橘果汁含多种糖类、有机酸、矿物质等，但不含有(　　)。

(A) 糖类　(B) 有机酸　(C) 矿物质　(D) 叶绿素

25. 一般经过嫁接的柑橘树，(　　)以后开始盛产。在正常的管理水平下，一般成年树每棵产量在 50 kg 左右，常年亩产量在 3 000 kg 左右。

(A) 三至四年　(B) 四至五年　(C) 七至八年以后　(D) 九至十年

26. 一般经过嫁接的柑橘树，七至八年以后开始盛产。在正常的管理水平下，一般(　)每棵产量在50 kg左右，常年亩产量在3 000 kg左右。

(A) 初级果树　(B) 成年树　(C) 衰老树　(D) 幼年树

27. 一般经过嫁接的柑橘树，七至八年以后开始盛产。在正常的管理水平下，一般成年树每棵产量在(　)左右，常年亩产量在3 000 kg左右。

(A) 25 kg　(B) 50 kg　(C) 75 kg　(D) 100 kg

28. 一般经过嫁接的柑橘树，七至八年以后开始盛产。在正常的管理水平下，一般成年树每棵产量在50 kg左右，常年亩产量在(　)左右。

(A) 1 000 kg　(B) 1 500 kg　(C) 2 000 kg　(D) 3 000 kg

29. 在柑橘生产管理上，产品加工和(　)过程中，许多行业与柑橘产业起到了融合作用，带动了当地广大农民的增收和社会经济全面发展，产生了广泛的社会效益。

(A) 育苗　(B) 防病治虫　(C) 果实采收　(D) 商品销售

30. 在柑橘生产管理上，产品加工和商品销售过程中，许多行业与柑橘产业起到了(　)作用，带动了当地广大农民的增收和社会经济全面发展，产生了广泛的社会效益。

(A) 竞争　(B) 消极　(C) 积极　(D) 融合

31. 在柑橘生产管理上，产品加工和商品销售过程中，许多行业与柑橘产业起到了融合作用，带动了当地广大农民的增收和社会经济全面发展，产生了广泛的(　)效益。

(A) 经济　(B) 商业价值　(C) 社会　(D) 生态

测试题答案

1. A　2. A　3. C　4. D　5. D　6. B　7. A　8. C　9. B　10. A　11. D　12. C　13. D　14. A　15. D　16. A　17. A　18. D　19. C　20. C　21. C　22. B　23. A　24. D　25. C　26. B　27. B　28. D　29. D　30. D　31. C

第 2 章

柑橘的生物学特性

第 1 节　柑橘的器官

学习单元 1　根

学习目标

了解柑橘根的组成。

了解柑橘根的类型。

熟悉柑橘根的生长规律。

掌握柑橘根的作用。

知识要求

柑橘树是一种亚热带多年生常绿果树，在周年生长发育中，对温度的敏感性较强，过低或过高的温度都会导致茎生长和发育不良，严重的则会导致失收，甚至树体死亡。柑橘树与其他果树一样，在其生命周期或年周期中，宜栽地区与次栽地区有其不同的生长特性和规律，生产上必须要认真探索，只有掌握这些规律，才能夺得柑橘丰产、稳产、优质、高效。

柑橘树分两大部分，一是地下部分；二是地上部分。地下部分是根系。地上部分是茎、叶、花和果实。根系与茎、叶、花、果实是组成树体的组织器官。在整个生命活动过程中，它们既相互促进，也相互制约。

1. 根的组成

植物的根是由胚根生长而来。柑橘树以柑橘等砧木通过嫁接而成。柑橘砧木耐寒力很强，是世界上最耐寒的砧木，我们种植的橘树大多为砧木橘根。它主要由主根、侧根和须根组成。主根上抽生侧根，侧根上再抽生须根，须根分布在主根的最外围，是一种吸收根，能吸收土壤中的水分和养分，通过体内维管束输送到地上部茎、叶、花及果实中。

随着树龄的增长，须根的生长数量不断增加，分布范围也不断向四周扩展，须根在茎的生命活动中起到重要的作用。须根生长的状况直接影响到地上部茎的生长开花和结果，因此在日常培管中要加强对根系的培养。

2. 根的类型

植物的根系分两种类型，一种为须根系，例如水稻、小麦等作物；另一种为直根系。柑橘的根系与其他乔木类植物一样，属直根系类型。主根向下生长以后，在其主根侧面位置上生出新根，成为侧根。侧根以不同角度向四周拓展，初步形成主从关系。经过一段时期的生长发育后，再从侧根上发出新的根系，具有这种生长现象的根，称为直根系，与水稻等粮食作物的根系有明显不同。

3. 根的作用

柑橘的根系在生长、发育过程中，对植物体有着非常重要的作用。

(1) 吸收和输送作用。通过须根吸收土壤中的水分和养分，输送到地上部分的器官中，供给植物体生长所需要的营养。

(2) 固柱作用。随着树龄的增大，根系的生长范围也不断扩展，根系能固持茎，使其不倒伏。

(3) 合成作用。土壤中有两种营养物质，一种是可溶性物质；另一种是不溶性物质。根系通过茎体养分的上下交换以及土壤中微生物的活动，能将不溶性物质合成为可溶性物质使根系能吸收。

(4) 储存作用。根系不仅具有吸收和输送作用，而且在秋冬还能将一部分养分储存于根中，到来年春季气温上升时供应给茎生长。

4. 根的生长规律

柑橘树根系的生长状况与茎的生长状况具有密切的关联，受气候变化、土壤状况以及栽培水平的影响，使二者产生不同的特征。

通常情况下，根系的生长与地上部枝梢叶的生长是相互交替进行的。当地上部枝梢开始发芽、抽梢时，根系的生长即停止，此时主要是处于吸收状态；当枝梢生长自剪老熟时，茎体通过维管束向下输送养分，供根系生长。在柑橘年周期生长发育中，根系一般能出现1～3次生长高峰，每一次都是在地上部停止生长时开始进行。

根系生长的数量、次数，也因树龄、树势、结果量及栽培水平的不同而发生变化。根系多，茎生长健壮，根深叶茂；根系生长不良，茎得不到足够的营养供应，则树势削弱。

学习单元2　茎

学习目标

了解柑橘茎的特性。

了解柑橘茎的相关树种。

掌握柑橘茎的作用和特点。

知识要求

茎是柑橘树体的重要营养器官。茎生长状况与栽培水平及土壤环境关系密切。

一、茎的组成

茎由主干、主枝、侧枝及结果枝组成。茎的枝梢由表皮、皮层和木质部组成，表皮也能进行光合作用，皮层和木质部内有输导组织，茎上还有花、叶片和果实，作为一个载体，担负着树体生长和发育的功能。

二、柑橘茎的特点

1. 柑橘与其他树木茎的不同

（1）水杉、杨树、榆树、广玉兰、棕榈树都是乔木类。

（2）金柑、小叶女贞、夹竹桃、珊瑚树都是灌木类。

（3）柑橘与桃树、梨树、苹果树及枇杷等均为小乔木类。

2. 柑橘茎的特征

柑橘茎的主干无明显优势，不如乔木类高大粗壮，通常在生长至一定程度后，自然开张，产生分枝，形成自然开张的圆头形，这一特征与水杉、珊瑚相比具有明显差异。这也是大多数果树的生长特点。

三、茎的作用

1. 支撑作用

茎能支撑整个树体，为枝梢生长、开花、结果起到有力的支撑作用。

2. 输送作用

茎体内有维管束，能将地下部及地上部的营养物质和水分相互输送，具有维持其生命活动和新陈代谢的功能。

3. 光合作用

茎的绿色部分能进行光合作用，通过光合作用能制造有机物质，为抽梢、开花、结果提供养料。其中叶片是光合作用的重要器官。生产上要保花保果，只有保护叶片，才能起到有效的作用。

四、茎的生长特性

1. 芽的早熟性、自剪性

柑橘枝梢抽生以后，在一定时间内出现顶部自剪并开始充实老健，其芽体一旦条件成熟，还能连续发芽、抽梢，这一现象称芽的早熟性。生产上常见的是春梢抽发停止后，在很短的时间内，在其上部顶端叶腋中继续发芽、抽梢。

2. 整体性与局部性

在同一树体上，局部之间的生长状态不一致，主要反映生长与结果的差异，其原因主要是由根系生长状况而决定，如果土壤营养条件均匀，根系吸收和生长势协调，茎的生长发育就平衡，不会呈现差异。如果土壤营养水分不一致，局部根系吸收量有差异，其地上部就会出现不同的生长表现。

3. 顶端优势与垂直优势

在柑橘树生长过程中，往往会出现两种优势，即顶端优势与垂直优势。因水分、养分向上输送，通常为垂直优势，其顶端养分积累多，而水平枝通过转弯才能吸收到营养，因此，顶端部位发芽力强，垂直枝的生长势也强，这种情况在桃树生长中尤为突出。下垂枝因芽体向下，一般无生长能力，通过结果，自然衰老干枯。

4. 隐芽与露芽

柑橘的露芽就是嫩芽。柑橘树体生长逐年向上发展，其下部枝条的芽体将逐步退化，呈凹陷状，没有发芽能力，养分虽通过其芽眼，但因垂直和顶端优势的原因，下部隐芽不会抽发，但通过回缩，短截就会刺激芽口，而重新抽发新梢。

五、枝梢类型及特点

1. 营养枝

当年春、夏、秋各不同生长期间抽生的新梢，无花蕾的称为营养枝，例如春梢、夏梢、秋梢。其抽梢时间、枝梢特征及生长特性都有差异。春梢抽生的时期，处于气温温和并逐步上升的环境中，因此，生长速度较慢，节间短，叶片小而先端尖。而夏梢抽发时气温高，因此生长速度快，叶片大、节间长，枝条粗而长，不易形成花芽，一般作为延长枝培养。立秋以后随着气温逐步下降，秋梢生长较中庸，充实健壮，有利于作为次年的结果母枝。

2. 结果枝

能在其枝上开花、结果的称为结果枝，分有叶结果枝和无叶结果枝两种。成年树通常主要培养春梢有叶结果枝和无叶结果枝。幼树或初产树主要培养早秋梢有叶结果枝和无叶结果枝。

3. 结果母枝

指上年的营养枝，经过冬季花芽分化，次年作为结果母枝，在其枝条的叶腋中抽发春梢的有叶、无叶结果枝。

学习单元 3　叶

学习目标

了解柑橘叶的组成。

了解柑橘叶的类型。

掌握柑橘叶的作用。

知识要求

叶片是柑橘树体的营养器官，叶片的生长状况与柑橘树的生长和结果有着密切的关系。

一、叶片的组成

叶片由叶柄、叶脉和叶肉组成。叶柄内有输导组织，叶脉由主脉和侧脉组成，叶肉由无数个海绵细胞和栅状细胞组成，且含有叶绿素。叶的表皮为蜡质层，叶反面有气孔。叶片通过气孔吸收空气中水分和二氧化碳。

二、叶的类型

柑橘的叶片多数为单叶，也有单生复叶，即在叶柄与叶片的交界处有一羽叶。

三、叶的作用

1. 光合作用

叶片能通过气孔吸收空气中的二氧化碳和水分，通过光合作用，合成碳水化合物，并将这些碳水化合物供应给茎体的各部位使其生长发育。

2. 保护作用

叶片是柑橘树开花结果的营养能源，保花保果首先必须要保叶，叶片内的有机营养能为其开花、结果持续供应养分，使花果能正常发育，适宜的叶面积能在夏天起到降温作用，冬天起到增温作用。植物的叶片能释放氧气，供有生命的动物呼吸用。

3. 储存、输送作用

叶片通过一定的营养积累，除供应其生长、结果以外，还能将剩余部分储存于体内，在冬季花芽分化时提供营养，从而使花芽分化质量提高。

四、叶片的生长规律

柑橘是一种常绿果树，叶片的生长状况因树龄、树势、结果量及土壤环境、栽培水平不同而有差异，同时叶片的生长与枝梢生长也同步进行。根系生长的好坏，对叶片生长具有重要作用。

叶片的生长寿命为3～4年，随着树龄增大，上部枝梢不断抽发新叶，下部叶片功能逐渐减退并开始脱落。叶片脱落大都在春季新梢抽发时开始，这主要是因为此时养分集中向上输送，下部功能叶老化的表现。

叶片的脱落是一种自然现象，是植物新陈代谢的反映，但是生产上常因自然灾害或栽培不当而导致叶片非正常脱落，例如低温、寒风、病虫害等现象。因此，采取避冻栽培、适期防病治虫、保护叶片等措施，对延长其生长寿命、增强树势具有积极意义。

学习单元4 花

学习目标

了解柑橘花的组成。

了解柑橘花的类型。

掌握柑橘的花期。

知识要求

花是植物的生殖器官，是柑橘果实形成的基础，有花才有果。

一、花的组成

与其他许多果树一样，柑橘的花由花梗、花萼、花瓣、花药、花柱和子房组成。

二、花的类型

柑橘的花芽和叶芽为混合芽属混合性类，肉眼难以分辨，只能在抽梢开始时才能看出。农民经过长期实践，从枝条的生长状况能分辨出花枝与营养枝的不同。一般条件下，生长势过旺的不易形成花芽。

柑橘的花有单花和花序花之分，单花即在枝条叶腋中基部抽生一朵花。而严重衰弱或冻害后叶片全部脱落的树，将会不同程度出现束状花枝，即泡泡花。这种花结实率很低，主要是叶片大量脱落，不能为其供给营养，造成这种束状花的树体根系生长不良，生长势也较差。这一类树寿命很短，栽培上必须实行复壮更新，及时剪去大部分花序，增施基肥，培养树势，恢复其营养生长势。

学习单元 5 果实

学习目标

了解柑橘果实的组成。

了解柑橘果实的生长和发育。

知识要求

一、果实的组成

柑橘果实由果皮和果肉组成，果皮有蜡质，内果皮有海绵层，果肉内有丰富的营养物质，果皮与果肉之间还有橘络和瓢壁。

二、果实的生长和发育

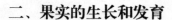

柑橘果实的着生基础来自花芽分化的质量、枝梢着生位置、枝梢的质量及栽培水平。温州蜜柑与其他果树有相同点，也有不同点。花量适中，花质好，枝条中庸，叶果之间比例合理，叶色浓绿，气候适宜，栽培水平高，其坐果率就高，幼年树与成年树的果实生长状况不同。幼年树营养生长势旺，果实着生少，其结果往往是果形偏大，果汁少而淡，不化渣，质量差，但树势不受影响；成年树结果量多，树势衰弱快，生产上应合理疏果，增施有机肥料，协调生长和结果的关系，促进稳产、优质，延长结果年限。

1. 开花结果原理

温州蜜柑是一种无核果，瓢瓣内无种子，因雄蕊提早退化，主要依靠子房的生长膨大而形成果实。柑橘枝条开花结果也有一定的局限性，枝条粗壮而直立，通常状况下不易花芽分化和开花结果。而枝条生长中庸，老熟，叶片齐，叶色深绿，冬季易花芽分化，其坐果率较高。对温州蜜柑而言，春、秋梢的结果母枝坐果率较夏梢理想，但成年树果量多，零星夏梢在次年也能开花结果。因此，盛产树对一部分夏梢也作适当保留。

2. 落花落果

柑橘树的落花落果是一种常见的自然现象，花的坐果率一般在3%～8%，也因各种因素会产生差异。在生产实践中，有两种现象，一种是自然生理性落花落果；一种是因气候、栽培不当而导致非正常的落花落果，花期或幼果期异常高温，将会导致灾害性的落花落果。

第2节 柑橘的周期变化

学习单元1 柑橘的生命周期和发育周期

学习目标

了解柑橘的周期变化。

知识要求

柑橘是多年生常绿果树，在其一生中有两种规律性的周期变化：一是生命周期变化；二是发育周期（又称年周期）变化。

一、生命周期

生命周期指柑橘树一生中所经历的生长、结果、衰老和死亡的变化。柑橘生命周期一般分为幼树期、结果初期、盛果期、结果后期和衰老期。

1. 幼树期

幼树期是指从定植起到第一次结果的时期，一般在3～5年。此期的特点是树冠、根系生长较旺盛，吸收和光合面积迅速扩大，后期树冠骨架形成，营养物质开始积累。

幼树期的栽培任务主要是加强树体营养，合理修剪，培养健壮的树冠骨架和良好的根系，培养好辅养枝。

2. 结果初期

从第一次开始结果到大量结果之前的时期称为结果初期。此期的特点是结果量逐渐增加，树冠、根系加速生长，花芽数不断增加，是由生长转向结果，营养生长优势向生殖生长优势转化的过渡时期。

结果初期的栽培措施是，一方面保证树体健壮生长，另一方面采取适当措施缓和树势。具体来说，要继续整形，适度修剪，看树施肥，生长过旺的树要控施氮肥和控水。

3. 盛果期

从开始大量结果到产量开始下降的时期称盛果期。此期的特点是树冠、根系离心生长停止，树冠达到最大荫度，结果枝多，结果负荷大，开始出现衰老更新，树冠内部局部空膛。

盛果期的栽培目的是延长盛果期，克服大小年结果。具体措施是做好土壤改良，充分供应肥水，精细修剪，防治病虫害。

4. 结果后期

产量开始下降到丧失结果能力的时期为结果后期。此期的特点是枝梢和根系大量枯死，骨干枝开始衰老，结果减少，对环境适应能力差。

结果后期栽培主要措施是更新复壮，保持较高产量。要做好深翻改土、加强肥水管理，更新根系和树冠，重剪回缩骨干枝，防治病虫害，大年树疏花疏果。

5. 衰老期

从无结果能力到植株死亡的时期为衰老期。此期的特点是骨干根、骨干枝大量衰亡，结果的小枝越来越少。应砍伐清园，另建新园。

二、发育周期

发育周期（又称年周期），指柑橘树随四季的气候变化，有节奏地进行萌芽、抽枝长叶、开花结果、进入相对休眠，如此年复一年的变化。

学习单元2　物候期

学习目标

了解柑橘的物候期。

知识要求

柑橘营养生长期长，没有明显的休眠过程，在一年中随着四季的变化相应地进行根系生长、萌芽、枝梢生长、开花坐果、果实发育、花芽分化和落叶休眠等生命活动，我们将这些生命活动所处的各个时期称为物候期。下面以种植在沪北地区的柑橘为例来讨论物候期。

一、根系生长期

柑橘的根系在一年中主要有三次生长高峰，通常的情况为：

1. 发春梢前根系开始萌动，春梢转绿后根群生长开始活跃，至夏梢发生前达到第一次生长高峰。

2. 随着夏梢大量萌发，在夏梢转绿、停止生长后，根系出现第二次生长高峰。

3. 第三次生长高峰则在秋梢转绿、老熟后发生，发根量较多。

树体储藏的营养水平对根系发育影响重大。如果地上部分生长良好，树体健壮，营养水平高，根系生长则良好；反之，若地上部分结果过多，或叶片受损害，树势弱，有机营养积累不足，则根系生长受抑制。此时即使加强施肥，也难以改变根系生长状况。因此，栽培上应注意对结果过多的树进行疏花疏果，控制徒长枝和无用枝，减少养分消耗，同时注意保护叶片，改善叶片机能，增强树势，以促进根系生长。

二、枝梢生长期

叶芽萌发以后，顶端分生组织的细胞分裂，雏梢开始伸长，自基部向上，各节叶片逐步展开，新梢逐渐形成，而后增粗。枝梢生长通常分为春梢、夏梢、秋梢和冬梢：

1. 春梢生长期一般在 2—4 月份，立春前后至立夏前。

2. 夏梢生长期一般发生在 5—7 月份，立夏至大暑前。

3. 秋梢生长期一般发生在 7 月底至 10 月份，大暑至霜降前后。

4. 冬梢生长期一般发生在 11—12 月份，立冬至冬至前后。

春梢的萌发和生长主要靠树体先年储藏的营养水平。抽发春梢时，若老叶多，则春梢萌发整齐，生长量大，组织充实；反之，如果上年结果过多或落叶，春梢发芽前老叶少，树体储藏营养不足，则春梢发生少，且枝条伸长不久即停止，枝梢短细。

三、现蕾开花期

柑橘的花期较长，可分为现蕾期和开花期。现蕾，是一种柑橘果枝上出现肉眼可见三角形花蕾的一种自然现象，是柑橘从营养生长进入生殖生长的标志。现蕾期，即柑橘进入生殖生长期最前端的一部分的生长期。开花期是指植株从有极少数的花开放至全株所有的花完全谢落为止。一般分为初花期（5%～25%的花开放）、盛花期（25%～75%的花已开放）、末花期（75%以上的花已开放）和终花期（花冠全部凋谢）。柑橘一般在春季开花。

1. 现蕾期

从能辨认出柑橘花芽起，花蕾由淡绿色至开花前称现蕾期。

2. 开花期

从花瓣开放，能见雌、雄蕊起，至花谢称为开花期。多数品种集中在 3 月初至 4 月中下旬开花，少数在 3 月前或 4 月后开花。花期的迟早、长短，依种类、品种和气候条件而异。开花需要大量营养，如果树体储藏养分充足，花器发育健全，树势壮旺，则开花整齐，花期长，坐果率高；反之，则花的质量差，花期短，坐果率低。

四、生理落果期

1. 第一次生理落果期一般发生在 3 月底至 4 月底。

2. 第二次生理落果期发生在 4 月下旬至 7 月上旬。

3. 后期落果在 7 月份至果实成熟前发生。

落果的原因很多，前期主要是因花器发育不全，授粉受精不良以及外界条件恶劣等造成。后期落果主要原因是营养不良。营养不足时，梢、果争夺养分常使胚停止发育而引起

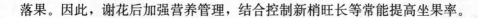

落果。因此，谢花后加强营养管理，结合控制新梢旺长等常能提高坐果率。

五、果实生长发育期

从谢花后果实子房开始膨大到果实成熟为果实生长发育期。果实生长通常呈现“S”或“双S”形曲线。根据细胞的变化，果实发育过程可分为细胞分裂期、果实膨大期和果实成熟期。

1. 细胞分裂期

细胞分裂实际上是细胞核数量的增加，主要是由果皮和砂囊的细胞不断反复分裂，果体增大。

2. 果实膨大期

第一次生理落果完毕，细胞分裂基本停止，果实转向细胞膨大。到6月上中旬生理落果结束。7月下旬至8月上旬进入第二次膨大高峰，随着砂囊迅速增大，进入第三次膨大高峰后果实基本定型，果实重量增加。

3. 果实成熟期

果实组织发育基本完善，糖、氨基酸、蛋白质等固形物迅速增加，酸含量下降。果皮叶绿素逐渐分解，胡萝卜素合成增多，果皮逐渐着色；果汁增加，果肉、果汁着色；种子硬化，果实进入成熟时期。

第3节　环境对柑橘生长发育的影响

学习目标

了解影响柑橘生长和发育的温度。

了解影响柑橘生长和发育的光照要求。

了解霜冻的概念，熟悉霜冻对柑橘生长和发育的影响。

了解上海地区常年降雨量，掌握影响柑橘生长和发育的雨量要求。

熟悉土壤对柑橘生长和发育的影响。

掌握大风、台风、寒潮对柑橘生长和发育的影响。

知识要求

柑橘原产于亚热带多雨的森林地带，在长期的系统发育过程中，形成了喜温、怕冷的特性，以及对温度、水分、光照、土壤、地势等环境条件的特定要求。尤其是气候条件对柑橘的分布与生长发育起着决定性的作用。只有在符合柑橘要求的气候环境条件下，才能正常生长，开花结果。

一、气候条件

柑橘要求的气候条件包括温度、降雨量和光照，其中对温度要求最严格，实现高产、优质不仅要求一定的年积温，而且对一个地方的冬季低温有极限要求，即必须在某一温度线以上才能种植。不同柑橘品种的耐寒程度不同：甜橙、柚类最怕冷，在−5℃以下就会产生冻害；金柑在−11℃时产生冻害；橘类（包括椪柑、南丰蜜橘、本地早、朱红橘等）的抗寒性则介于两者之间，在−7℃时产生冻害。此外，柑橘要求年平均温度15℃以上，≥10℃积温5 500～6 000℃以上，≥12.5℃年有效积温（即一年中生长有效温度的总和）2 500～3 500℃。年降雨量1 200～1 700 mm。光照强度10 000～20 000 lx。因此，在生产上必须选择符合其生长发育所需要的气候条件发展柑橘生产。

下面以温州蜜柑为例谈谈气候对柑橘生产的影响。

1. 温度

柑橘是一种亚热带果树，在整个生命周期和年周期中，需要有适宜的自然环境条件，才能满足其生长和结果要求。上海是柑橘种植的北缘地区，低温是抑制其生长的主要障碍之一，因此，生产上必须要始终实施避冻栽培技术措施，使柑橘树在生长、结果的同时，能维持正常的树势，增强抗性，达到安全越冬。

（1）极端低温。温州蜜柑是上海地区的主要栽培品种，也是柑橘类中最耐寒的品种之一。但温州蜜柑对低温的忍耐也有一定的临界线，低于−5℃时，将会使叶片受冻；在−7℃的情况下，枝梢出现严重冻害现象。另外，低温持续时间的长短、温度高低也将对温州蜜柑的冻害产生差异，冻害的程度视树龄、树势、土壤质地、栽植地小气候以及结果量的不同而有区别。

（2）异常高温。温州蜜柑是一种喜温果树，但过高的温度也将抑制树体、枝梢的生长，花期气温超过30℃，将会对坐果率产生较大影响，如出现异常高温，气温在32℃以上，则会导致大量花朵脱落，使产量遭受严重损失，甚至失收。夏季温度在38℃，树体生长受抑制，水分蒸发严重，此时如土壤干旱、根部失水，树体生命力就降低，出现叶片严重萎缩。

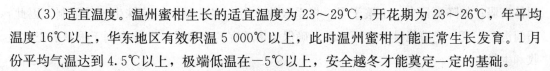

(3) 适宜温度。温州蜜柑生长的适宜温度为23～29℃，开花期为23～26℃，年平均温度16℃以上，华东地区有效积温5 000℃以上，此时温州蜜柑才能正常生长发育。1月份平均气温达到4.5℃以上，极端低温在－5℃以上，安全越冬才能奠定一定的基础。

2. 光照

光照是柑橘树生长、结果必需的外界环境条件之一。光照不足，叶片光合作用能量积累少，叶片薄，有机质含量不足，浓度低，抗寒性降低；光照充足，叶片的光合作用强，制造有机质多，叶色深绿，树体健壮，抗性强，结果年限也长。

温州蜜柑是一种喜欢散射光性的果树，与桃树相比有一定差异。生产上如修剪不及时，将会使枝条密生、相互拥挤、内腔空虚，导致平面结果（而不是理想的立体结果）现象产生。直射性强光也对枝梢和花果的生长发育有一定影响，在修剪上通常采取轻重结合，因树修剪，保叶透光，尽量保留有效枝叶，通过合理的疏删、短截、回缩，使枝条分布合理、均匀、层次清晰，上下不重叠、左右不拥挤、小空大不空，充分利用空间和光能，增加内膛和结果能力。

3. 风

自然界有不同种类的风，因而不同的风类、风速，对柑橘也会产生不同的作用和影响。

(1) 微风。微风能协调气温。在柑橘树生长过程中，微风能调节空气中的二氧化碳和水分正常地被叶片吸收，但多雨高湿季节，微风也能传播病菌，使柑橘发生病害。因此，加强田间管理，及时喷药防病，减少病菌的感染，增强树体抗性。使柑橘树得到正常的生长。

(2) 大风、台风。大风或台风对柑橘树生长不利。大风能将柑橘的花以及幼叶吹损破裂，幼果期遇大风，会使果皮与叶片枝条产生摩擦，导致风斑产生；台风能将新栽树体吹倒或枝条折裂。

(3) 寒风。寒风通常指冬季低温条件下出现的一种冷风，能使叶片甚至枝条水分严重散失。低温时，在土壤根系半休眠的状态下，柑橘树体体内水分、养分收支失调而萎蔫，甚至叶片卷曲干枯。冬季低温往往伴随寒风，会使低温加剧，导致枝叶冻害严重，因此生产上除了改善小气候条件以外，营造防风林，减小风速，有利于夏抗大风，冬抗寒风。合理施肥，增施有机肥，加强其他避冻栽培措施，增强树体抗逆性，也能够提高柑橘树安全越冬能力。

4. 降雨量

上海地区常年降雨量在1 100 mm左右，适宜柑橘树生长和发育。柑橘生产实践证明，降雨量过多，田间积水严重，根系呼吸作用会受到抑制，导致植株生长不良，叶片黄化，树体衰弱；如降雨量少，土壤干旱，根系吸收水分、养分量少，植株生长受限制。因此，田间沟系配套，能灌能排，合理灌溉，确保土壤适宜的含水量，才能有利于根系的正常吸收和生长。

5. 霜冻

霜冻的出现，将使柑橘叶片直接受冻，特别是早春气温多变，当叶片随着气温升高，叶液流动，叶色返嫩时，如遇霜冻袭击，则产生叶片霜冻后发白。霜冻冻害程度的轻重视叶片的厚薄、有机质浓度的高低而有所不同。

二、土壤条件

土壤是柑橘生长发育的基础，柑橘生长发育所需要的矿物质营养元素和水分都是靠根系从土壤中摄取的，因此土壤条件的好坏直接关系到柑橘树体的生长发育状况、开花结果和果实品质的优劣。只有在土层深厚，质地疏松，地下水位低，保水排水性能良好，酸碱度适中，含有机质、矿物质元素平衡的土壤，才能保证柑橘生长发育良好。种植柑橘的土壤应符合以下基本条件。

1. 土层深厚

柑橘根系发达，根系密集层在 40～60 cm 深处，主根可深达 1 m，因此，要求土层深度不低于 1 m。在土层浅薄的丘岗山地种植柑橘，必须通过开沟盖土，加深土层。

2. 土质疏松

柑橘对土壤的适应范围较广，在各种土壤上都能生长，但其最适宜的土壤是沙壤土和壤土。沙质土和黏重的土壤需要改良成壤土或沙壤土，增强土壤的通透性能。

3. 适宜的土壤酸、碱度

柑橘对土壤的酸、碱度适应范围较宽，但以 pH 值 5.5～6.5 的土壤最适宜。

4. 富含土壤有机质

土壤有机质含量的高低是衡量土壤肥沃程度的重要指标。要使柑橘生长发育良好、高产、稳产，土壤有机质含量须在 2%～3%以上。增施有机肥料能有效地提高土壤有机质的含量水平。

5. 矿物质元素含量丰富

柑橘的正常生长与开花结果要求土壤有丰富的矿物质营养，缺乏营养素的土壤不利于柑橘的生长发育，需要增施有机质，改良土壤，调整土壤酸、碱度，提高土壤矿物质营养水平和有效性。

最适宜种植柑橘的地方是植被茂盛，坡度平缓，土层深厚，水源充足，透气性良好的低丘陵红壤地区，和沿河、沿湖的沙洲地带。

三、对不同地形地理位置种植柑橘的考虑

沙洲地带水源充足，土层深厚，土壤疏松、肥沃，通气良好，柑橘容易早结果，早丰产。山地种植柑橘宜选择山腰植被厚的缓坡地带。在有冻害的地区，应注意选择良好的小气候条件和背风、向阳的南坡。平地应选择避风，忌低畦积水、冷空气易沉积的地方。在附近有水库、湖泊、河流等地方建橘园，不仅能解决灌溉问题，而且有大水体对温度的调节作用，冬季能减轻冻害的发生。大规模建橘园时，还应考虑选择交通便利的地方。山顶不易种植柑橘，柑橘是多年生深根性果树作物，根系发达，主根可深达 1 m 以上，要求土层深厚的土壤。山顶由于土层薄、土质瘠，柑橘往往生长不好，而且山顶多风，不利于柑橘越冬。低凹地容易积水，不利于根群深扎，同时低凹地冬季容易沉积冷空气，易使柑橘受冻。因此，这些地方都不适宜种植柑橘。

测试题

一、单项选择题（选择一个正确的答案，将相应的字母填入题内的括号中）

1. 下面说法正确的是（　　）。

(A) 柑橘树的根由粗根和细根组成

(B) 柑橘树的根由主根和须根组成

(C) 柑橘树的根由主根、侧根和须根组成

(D) 柑橘树的根由胚根、主根、侧根和须根组成

2.（　　）分布在柑橘树根系的最外围。

(A) 主根　　(B) 侧根　　(C) 须根　　(D) 胚根

3. 柑橘树根系中只有（　　）具有吸收能力。

(A) 胚根　　(B) 须根　　(C) 侧根　　(D) 主根

4. 柑橘树根系中能吸收土壤中的水分和营养元素的是（　　）。

(A) 侧根　　(B) 主根　　(C) 胚根　　(D) 须根

5. 根系属于直根系的植物是（　　）。

(A) 水稻　　(B) 小麦　　(C) 葱　　(D) 柑橘

6. 根系属于直根系的植物是（　　）。

(A) 水稻　　(B) 大麦　　(C) 蒜　　(D) 柑橘

7. 根系不属于须根系的植物是（　　）。

(A) 柑橘　　(B) 水稻　　(C) 葱　　(D) 小麦

8. 根系不属于须根系的植物是（　　）。

（A）柑橘　　（B）水稻　　（C）蒜　　（D）大麦

9. 柑橘的根系不具有（　　）。

（A）合成作用　　（B）光合作用　　（C）固柱作用　　（D）储存作用

10. 柑橘的根系不具有（　　）。

（A）蒸腾作用　　（B）合成作用　　（C）吸收作用　　（D）储存作用

11. 柑橘的根系不具有（　　）。

（A）分解作用　　（B）固柱作用　　（C）输送作用　　（D）合成作用

12. 柑橘植株生长树势大但不倒伏，是因为根系的（　　）。

（A）吸收作用　　（B）输送作用　　（C）固柱作用　　（D）合成作用

13. 根系的生长与地上部分枝梢叶的生长是（　　）进行的。

（A）同步　　（B）交替　　（C）相互制约　　（D）没有关联

14. 柑橘树（　　）的生长与地上部枝梢叶的生长是交替进行的。

（A）根系　　（B）花　　（C）果实　　（D）植株

15. 在柑橘年周期生长发育中，根系一般出现（　　）次生长高峰。每一次都是在地上部枝梢停止生长时开始进行。

（A）1～3 次　　（B）4 次　　（C）5 次　　（D）6 次

16. 在柑橘年周期生长发育中，根系一般出现 1～3 次生长高峰，每一次都是在（　　）停止生长时开始进行。

（A）春梢　　（B）夏梢　　（C）秋梢　　（D）地上部枝梢

17. 柑橘植株由主干、主枝、侧枝及（　　）组成。

（A）春梢　　（B）夏梢　　（C）秋梢　　（D）结果枝

18. 柑橘植株不包括（　　）。

（A）根系　　（B）主干　　（C）主枝　　（D）侧枝

19. 柑橘植株不包括（　　）。

（A）花　　（B）叶　　（C）果实　　（D）根系

20. 下面说法不正确的是（　　）。

（A）柑橘植株由主干、主枝、侧枝及结果枝组成

（B）柑橘植株上还有花、叶片和果实

（C）柑橘植株不包括地下部分的根系

（D）柑橘植株包括地下部分的根系

21. 柑橘为（　　）。

(A) 乔木类　(B) 小乔木类　(C) 灌木类　(D) 草本类

22. 下面几种植物不属于乔木类的是（　）。

(A) 水杉　(B) 杨树　(C) 广玉兰　(D) 柑橘

23. 下面几种植物中属于小乔木类的是（　）。

(A) 水杉　(B) 广玉兰　(C) 柑橘　(D) 金柑

24. 下面几种植物中属于小乔木类的是（　）。

(A) 水杉　(B) 金柑　(C) 夹竹桃　(D) 柑橘

25. 柑橘树植株的作用不包括（　）。

(A) 光合作用　(B) 分解作用　(C) 输送作用　(D) 支撑作用

26.（　）不是柑橘树植株的作用。

(A) 光合作用　(B) 分解作用　(C) 输送作用　(D) 支撑作用

27. 柑橘树依靠植株的（　），使地下部分及地上部分的营养和水分能相互传输。

(A) 光合作用　(B) 吸收作用　(C) 输送作用　(D) 支撑作用

28. 植株绿色部分通过（　）制造出有机物质，为柑橘树生长发育提供养料。

(A) 吸收作用　(B) 光合作用　(C) 输送作用　(D) 合成作用

29. 新梢长到一定时期后，顶芽停止生长，顶端自行脱落，称为（　）。

(A) 芽的早熟性　(B) 顶芽的自剪性　(C) 芽的成熟　(D) 芽的分化

30. 柑橘春梢抽发停止后，在很短的时间里，其上部顶端叶腋处能继续发芽抽梢，这一现象称为(　)。

(A) 顶芽的自剪性　(B) 芽的早熟性　(C) 顶端优势　(D) 垂直优势

31. 柑橘植株上枝梢的顶端部位发芽力强，是由于(　)。

(A) 顶端优势　(B) 垂直优势　(C) 光照好　(D) 气温高

32. 柑橘植株下部枝条上的（　）一般不抽发，但通过回缩刺激芽口能重新抽发新梢。

(A) 叶芽　(B) 花芽　(C) 隐芽　(D) 露芽

33. 当年春、夏、秋各不同生长期间抽发的新梢，无花蕾的统称为（　）。

(A) 营养枝　(B) 结果母枝　(C) 结果枝　(D) 徒长枝

34.（　）抽发时气温高，生长速度快，叶片大，节间长，枝条粗而长，不易形成花芽。

(A) 春梢　(B) 夏梢　(C) 秋梢　(D) 晚秋梢

35.（　）抽发时，气温逐步上升，生长速度较慢，节间短，叶片小而先端尖。

(A) 春梢　(B) 夏梢　(C) 秋梢　(D) 晚秋梢

36. 上年的春梢或秋梢，经过冬季花芽分化，可作为次年的（　　）。
(A) 营养枝　(B) 有叶结果枝　(C) 无叶结果枝　(D) 结果母枝

37. （　）是由无数个海绵细胞和栅状细胞组成的。
(A) 叶柄　(B) 叶脉　(C) 叶肉　(D) 叶绿素

38. 叶片表面的（　　）对叶片有保护作用。
(A) 海绵细胞　(B) 栅状细胞　(C) 蜡质层　(D) 叶肉

39. 柑橘叶片通过（　　）吸收空气中的二氧化碳和水分。
(A) 叶柄　(B) 叶脉　(C) 叶肉　(D) 气孔

40. 柑橘叶片的气孔分布在（　　）。
(A) 叶正面　(B) 叶反面　(C) 叶缘　(D) 叶脉两侧

41. 柑橘的叶片为（　）。
(A) 单叶　(B) 复叶　(C) 单生复叶　(D) 都不是

42. 柑橘的叶片为单生复叶，即在叶柄与叶片的交界处有一（　　）。
(A) 单叶　(B) 复叶　(C) 翼叶　(D) 都不是

43. 不同种类的柑橘叶片，其（　）大小也不相同。
(A) 叶身　(B) 翼叶　(C) 单叶　(D) 复叶

44. 下面几种果树中，叶片为单生复叶的是（　）。
(A) 桃　(B) 梨　(C) 葡萄　(D) 柑橘

45. 柑橘叶片能通过气孔吸收空气中的二氧化碳和水分，释放出（　）。
(A) 水分　(B) 氧气　(C) 二氧化碳　(D) 养分

46. 叶片内的叶绿素在光的作用下合成碳水化合物的过程，称为（　）。
(A) 吸收作用　(B) 合成作用　(C) 光合作用　(D) 储存作用

47. 柑橘叶片能吸收（　）和水分，释放出氧气。
(A) 氧气　(B) 碳水化合物　(C) 二氧化碳　(D) 营养元素

48. 叶片内积累的有机营养还能为冬季花芽分化提供养分，这是叶片的（　）。
(A) 合成作用　(B) 转化作用　(C) 储存作用　(D) 光合作用

49. 柑橘叶片的生长寿命一般为（　）。
(A) 1 年　(B) 1～2 年　(C) 3～4 年　(D) 5 年

50. 柑橘叶片的自然脱落大都从（　　）开始。
(A) 春梢抽发时　(B) 盛花期　(C) 夏梢抽发时　(D) 秋梢抽发时

51. 春梢抽发时自然脱落的叶片主要是（　）。
(A) 上部老叶　(B) 下部老叶　(C) 冻害叶片　(D) 病虫危害叶片

52. 春梢抽发时，叶片大量脱落的主要原因是（　）。

(A) 肥料缺乏　　(B) 病虫危害

(C) 自然灾害　　(D) 下部功能叶老化

53. 柑橘花有完全花和（　）。

(A) 不完全花　　(B) 退化花　　(C) 单花　　(D) 花序花

54. 柑橘花有（　）和退化花。

(A) 完全花　　(B) 健壮花　　(C) 单花　　(D) 花序花

55. 温州蜜柑为柑果，因花内（　）提早退化，而由花的子房不经受精单性结果。

(A) 雌蕊　　(B) 雄蕊　　(C) 花丝　　(D) 花柱

56. 温州蜜柑为柑果，因花内雄蕊提早退化，而由花的(　)不经受精单性结果。

(A) 花托　　(B) 花萼　　(C) 胚珠　　(D) 子房

57. 柑橘的花芽和叶芽为（　）。

(A) 单芽　　(B) 复芽　　(C) 混合芽　　(D) 隐芽

58. 柑橘的芽分为叶芽和（　）两种。

(A) 单芽　　(B) 复芽　　(C) 混合芽　　(D) 花芽

59. 柑橘的（　）是叶芽原始体在一定条件下发育转变而成。

(A) 叶芽　　(B) 花芽　　(C) 隐芽　　(D) 混合芽

60. 柑橘的花有(　)和花序花之分。

(A) 单花　　(B) 完全花　　(C) 退化花　　(D) 单性花

61. 柑橘的果实由果皮和（　）组成。

(A) 内果皮　　(B) 果心　　(C) 种子　　(D) 果肉

62. 柑橘的果实由(　)和果肉组成。

(A) 色素层　　(B) 海绵层　　(C) 果皮　　(D) 种子

63. 柑橘成熟果实呈现出橙黄色，是由于（　）中类胡萝卜素的合成增加。

(A) 外果皮　　(B) 内果皮　　(C) 海绵层　　(D) 果肉

64.（　）中类胡萝卜素的合成增加，使成熟期的柑橘果实呈现出橙黄色。

(A) 外果皮　　(B) 海绵层　　(C) 内果皮　　(D) 果肉

65.（　）营养生长势旺，果实着生少，其结果往往是果型偏大。

(A) 幼年树　　(B) 初结果树　　(C) 成年树　　(D) 衰老树

66.（　）如结果量过多，树势衰弱快，应合理疏果，延长结果年限。

(A) 幼年树　　(B) 初结果树　　(C) 成年树　　(D) 衰老树

67. 温州蜜柑果实为无核果，因雄蕊提早退化，由（　）发育而成。

(A) 花萼　(B) 胚珠　(C) 子房　(D) 花托

68. 一般柑橘树花的坐果率在（　）左右。

(A) 1%～2%　(B) 3%～8%　(C) 10%　(D) 20%

69. 官溪蜜柚是（　）柑橘属柚类中的一个早熟品种。

(A) 蔷薇科　(B) 芸香科　(C) 十字花科　(D) 壳斗科

70. 官溪蜜柚是芸香科（　）柚类中的一个早熟品种。

(A) 柑橘属　(B) 金橘属　(C) 枳属　(D) 柚属

71. 官溪蜜柚是芸香科柑橘属（　）中的一个早熟品种。

(A) 宽皮柑橘类　(B) 脐橙类　(C) 柚类　(D) 杞木缘类

72. 官溪蜜柚是芸香科柑橘属柚类中的一个（　）。

(A) 种类　(B) 品系　(C) 晚熟品种　(D) 早熟品种

73. 脐橙的特征与生长特性是（　），枝条有刺，果皮难剥，果蒂有脐。

(A) 树势高大、生长旺盛　(B) 树体矮小

(C) 树体紧凑　(D) 树体直立

74. 脐橙的特征与生长特性是树势高大、生长旺盛、（　），果皮难剥，果蒂有脐。

(A) 枝条细短　(B) 枝条有刺　(C) 枝条粗壮　(D) 枝条披垂

75. 脐橙的特征与生长特性是树势高大、生长旺盛、枝条有刺，（　），果蒂有脐。

(A) 果皮易剥离　(B) 果形小　(C) 果皮难剥　(D) 果皮厚

76. 脐橙的特征与生长特性是树势高大、生长旺盛、枝条有刺，果皮难剥，（　）。

(A) 果蒂光滑　(B) 果蒂粗糙　(C) 果面粗糙　(D) 果蒂有脐

77. 温州蜜柑是宽皮柑橘类中的主要品种，具有（　）、抗寒性强、丰产稳产性好、果实无核的优点。

(A) 适应性广　(B) 树势强壮　(C) 果实形状大　(D) 耐储

78. 温州蜜柑是宽皮柑橘类中的主要品种，具有适应性广、（　）、丰产稳产性好、果实无核的优点。

(A) 抗病虫　(B) 抗寒性强　(C) 抗旱性强　(D) 抗涝性强

79. 温州蜜柑是宽皮柑橘类中的主要品种，具有适应性广、抗寒性强、（　）、果实无核的优点。

(A) 果皮薄　(B) 果肉嫩　(C) 丰产稳产性好　(D) 易储运

80. 温州蜜柑是宽皮柑橘类中的主要品种，具有适应性广、抗寒性强、丰产稳产性好、（　）的优点。

(A) 果实少核　(B) 果实多核　(C) 果实耐储　(D) 果实无核

81. 宫川是温州蜜柑中的早熟品种，其生长特征与特性表现为：（　　）、枝条生长较紧凑、果实呈扁圆形，具有较强的抗寒性。

（A）树体自然矮化开张　（B）树体高大　（C）树体直立　（D）生长旺盛

82. 宫川是温州蜜柑中的早熟品种，其生长特征与特性表现为：树体自然矮化开张、（　　）、果实呈扁圆形，具有较强的抗寒性。

（A）枝条细长　（B）枝条生长较紧凑

（C）枝条粗短　（D）枝条披垂

83. 宫川是温州蜜柑中的早熟品种，其生长特征与特性表现为：树体自然矮化开张、枝条生长较紧凑、（　　），具有较强的抗寒性。

（A）扁圆形　（B）圆形　（C）果实呈扁圆形　（D）宝塔形

84. 宫川是温州蜜柑中的早熟品种，其生长特征与特性表现为：树体自然矮化开张、枝条生长较紧凑、果实呈扁圆形，（　　）。

（A）抗病性　（B）抗旱涝

（C）抗盐碱　（D）具有较强的抗寒性

85. 温州蜜柑中的特早熟品种，其综合特征与特性是：（　　）、枝条细密紧凑、叶片较小、果汁风味较淡。

（A）树势较弱　（B）树势强　（C）树势中庸　（D）树势很弱

86. 温州蜜柑中的特早熟品种，其综合特征与特性是：树势较弱、枝条细密紧凑、（　　）、果汁风味较淡。

（A）叶片较大　（B）叶片狭长　（C）叶片较小　（D）叶片呈圆形

87. 温州蜜柑中的特早熟品种，其综合特征与特性是：树势较弱、（　　）、叶片较小、果汁风味较淡。

（A）枝条粗长　（B）枝条细密紧凑　（C）枝条细长　（D）枝条粗而短

88. 温州蜜柑中的特早熟品种，其综合特征与特性是：树势较弱、枝条细密紧凑、叶片较小、（　　）。

（A）风味浓　（B）无风味　（C）风味差　（D）果汁风味较淡

89. 尾张是温州蜜柑中的中熟品种，生长特征与特性表现为（　　）、枝条光滑节间长，果形较整齐，果肉化渣性较差。

（A）树体旺盛开张　（B）树体衰弱　（C）树体直立　（D）枝条紧凑

90. 尾张是温州蜜柑中的中熟品种，生长特征与特性表现为树体旺盛开张、（　　），果形较整齐，果肉化渣性较差。

（A）枝条粗糙节间长　（B）枝条光滑节间长

(C) 枝条光滑节间短　　　　　　　　　　(D) 枝条粗糙节间短

91. 尾张是温州蜜柑中的中熟品种，生长特征与特性表现为树体旺盛开张、枝条光滑节间长，果形(　　)，果肉化渣性较差。

(A) 大　　(B) 小　　(C) 较整齐　　(D) 大小不等

92. 尾张是温州蜜柑中的中熟品种，生长特征与特性表现为树体旺盛开张、枝条光滑节间长，果形较整齐，果肉(　　)。

(A) 嫩　　(B) 脆　　(C) 味淡　　(D) 化渣性较差

93. 柑橘树体冻害程度通常与(　　)、树体生长状况、土壤环境以及栽培技术有密切关系。

(A) 极端低温　　(B) 平均温度　　(C) 有效积温　　(D) 最适温度

94. 柑橘树体冻害程度通常与极端低温、(　　)、土壤环境以及栽培技术有密切关系。

(A) 树体结构　　(B) 树体生长状况　　(C) 树形大小　　(D) 树龄大小

95. 柑橘树体冻害程度通常与极端低温、树体生长状况、(　　)以及栽培技术有密切关系。

(A) 土壤水位　　(B) 土壤肥力　　(C) 土壤环境　　(D) 土壤 pH 值

96. 柑橘树体冻害程度通常与极端低温、树体生长状况、土壤环境以及(　　)有密切关系。

(A) 施肥量　　(B) 修剪方法　　(C) 花果管理　　(D) 栽培技术

97. 导致柑橘树体(　　)的原因之一是花期突遇异常高温，使花内部赤霉素被破坏，而使花梗离层脱落。

(A) 非正常落花　　(B) 果实偏小　　(C) 正常落花　　(D) 果实畸形

98. 导致柑橘树体非正常落花的原因之一是花期(　　)，使花内部赤霉素被破坏，而使花梗离层脱落。

(A) 长期阴天　　(B) 突遇异常高温　　(C) 降雨过多　　(D) 光照偏少

99. 导致柑橘树体非正常落花的原因之一是花期突遇异常高温，使(　　)，而使花梗离层脱落。

(A) 花瓣脱落　　　　　　　　　　(B) 花柱萎缩

(C) 花内部赤霉素被破坏　　　　　(D) 花药退化

100. 导致柑橘树体非正常落花的原因之一是花期突遇异常高温，使花内部赤霉素被破坏，而使(　　)。

(A) 树体失水　　(B) 枝条高温蒸发　　(C) 花瓣脱落　　(D) 花梗离层脱落

101. 柑橘果树生长中，适宜的温度是(　　)。在平均温度达到 16℃左右，年有效积温 5 000℃以上，花期适温 23～26℃时，柑橘树体生长发育良好。

(A) 23～29℃　　(B) 29～34℃　　(C) 34～36℃　　(D) 20～23℃

102. 柑橘果树生长中，适宜的温度是 23～29℃。在平均温度达到(　　)左右，年有效积温 5 000℃以上，花期适温 23～26℃时，柑橘树体生长发育良好。

(A) 20℃　　(B) 16℃　　(C) 25℃　　(D) 28℃

二、技能测试题

1. 橘树指认：识别主干、主枝、侧枝、结果枝。

操作条件：

(1) 成年橘树 1 棵。

(2) 在橘树主干、主枝、侧枝、结果枝上编号。

(3) 答题卷。

规范准确填写名称

编号 1	编号 2	编号 3	编号 4
编号 5	编号 6	编号 7	编号 8

操作内容：

(1) 观察橘树外观、色泽、形态、长势。

(2) 按编号识别 8 个标记贴并填写名称。

注意事项：

不得随意采摘或折损柑橘枝梢。

2. 橘树指认：识别营养枝、结果枝、结果母枝。

操作条件：

(1) 成年橘树 1 棵。

(2) 在橘树营养枝、结果枝、结果母枝上编号。

(3) 答题卷。

规范准确填写名称

编号 1	编号 2	编号 3	编号 4
编号 5	编号 6	编号 7	编号 8

操作内容：

(1) 观察橘树外观、色泽、形态、长势。

(2) 按编号识别 8 个标记贴并填写名称。

注意事项：

不得随意采摘或折损柑橘枝梢。

3. 橘树指认：识别春树梢、夏树梢、秋树梢、春秋母枝。

操作条件：

(1) 成年橘树 1 棵。

(2) 在橘树春树梢、夏树梢、秋树梢、春秋母枝上编号。

(3) 答题卷。

规范准确填写名称

编号 1	编号 2	编号 3	编号 4
编号 5	编号 6	编号 7	编号 8

操作内容：

(1) 观察橘树外观、色泽、形态、长势。

(2) 按编号识别 8 个标记贴并填写名称。

注意事项：

不得随意采摘或折损柑橘枝梢。

4. 橘树指认：指认一年生、多年生、衰老枝。

操作条件：

(1) 成年橘树 1 棵。

(2) 在橘树一年生、多年生、衰老枝上编号。

（3）答题卷。

规范准确填写名称

编号 1	编号 2	编号 3	编号 4
编号 5	编号 6	编号 7	编号 8

操作内容：

（1）观察橘树外观、色泽、形态、长势。

（2）按编号识别 8 个标记贴并填写名称。

注意事项：

不得随意采摘或折损柑橘枝梢。

5. 橘树指认：识别隐芽、露芽、覆芽。

操作条件：

（1）成年橘树 1 棵。

（2）在橘树隐芽、露芽、覆芽上编号。

（3）答题卷。

规范准确填写名称

编号 1	编号 2	编号 3	编号 4
编号 5	编号 6	编号 7	编号 8

操作内容：

（1）观察橘树外观、色泽、形态、长势。

（2）按编号识别 8 个标记贴并填写名称。

注意事项：

不得随意采摘或折损柑橘枝梢。

6. 橘树指认：识别橘树顶端优势、边际效应。

操作条件：

（1）成年橘树 1 棵。

(2) 在橘树顶端优势、边际效应的地方编号。

(3) 答题卷。

规范准确填写名称

编号 1	编号 2	编号 3	编号 4
编号 5	编号 6	编号 7	编号 8

操作内容：

(1) 观察橘树外观、色泽、形态、长势。

(2) 按编号识别 8 个标记贴并填写名称。

注意事项：

不得随意采摘或折损柑橘枝梢。

测试题答案及评分表

一、单项选择题

1. C　2. C　3. B　4. D　5. D　6. D　7. A　8. A　9. B　10. A　11. A　12. C　13. B　14. A　15. A　16. D　17. D　18. A　19. D　20. D　21. B　22. D　23. C　24. D　25. B　26. B　27. C　28. B　29. B　30. B　31. A　32. C　33. A　34. B　35. A　36. D　37. C　38. C　39. D　40. B　41. C　42. C　43. B　44. D　45. B　46. C　47. C　48. C　49. C　50. A　51. B　52. D　53. B　54. A　55. B　56. D　57. C　58. D　59. B　60. A　61. D　62. C　63. A　64. A　65. B　66. C　67. C　68. B　69. B　70. A　71. C　72. D　73. A　74. B　75. C　76. D　77. A　78. B　79. C　80. D　81. A　82. B　83. C　84. D　85. A　86. C　87. B　88. D　89. A　90. B　91. C　92. D　93. A　94. B　95. C　96. D　97. A　98. B　99. C　100. D　101. A　102. B

二、技能测试题

1. 评分表

试题代码及名称	2.1 橘树指认（一）		答题时间（min）	10
编号	评分要素	配分	评分标准	实际得分
1	规范准确填写编号的名称 （1）使用中文名称标准学名填写 （2）有错别字算错误	8	主干、主枝、侧枝、结果枝，每错一处扣 1 分	
2	不得随意采摘或折损柑橘枝梢	3	无采摘或折损痕迹	
3	在规定时间内完成识别与填写	4	超过规定时间未完成扣 4 分，并终止考试	
合计配分		15		

2. 评分表

试题代码及名称	2.2 橘树指认（二）		答题时间（min）	10
编号	评分要素	配分	评分标准	实际得分
1	规范准确填写编号的名称 （1）使用中文名称标准学名填写 （2）有错别字算错误	8	营养枝、结果枝、结果母枝，每错一处扣 1 分	
2	不得随意采摘或折损柑橘枝梢	3	无采摘或折损痕迹	
3	在规定时间内完成识别与填写	4	超过规定时间未完成扣 4 分，并终止考试	
合计配分		15		

3. 评分表

试题代码及名称	2.2 橘树指认（三）		答题时间（min）	10
编号	评分要素	配分	评分标准	实际得分
1	规范准确填写编号的名称 （1）使用中文名称标准学名填写 （2）有错别字算错误	8	春树梢、夏树梢、秋树梢、春秋母枝，每错一处扣 1 分	
2	不得随意采摘或折损柑橘枝梢	3	无采摘或折损痕迹	
3	在规定时间内完成识别与填写	4	超过规定时间未完成扣 4 分，并终止考试	
合计配分		15		

4. 评分表

试题代码及名称		2.4 橘树指认（四）		答题时间（min）	10
编号	评分要素	配分	评分标准		实际得分
1	规范准确填写编号的名称 （1）使用中文名称标准学名填写 （2）有错别字算错误	8	一年生、多年生、衰老枝，每错一处扣 1 分		
2	不得随意采摘或折损柑橘枝梢	3	无采摘或折损痕迹		
3	在规定时间内完成识别与填写	4	超过规定时间未完成扣 4 分，并终止考试		
合计配分		15			

5. 评分表

试题代码及名称		2.5 橘树指认（五）		答题时间（min）	10
编号	评分要素	配分	评分标准		实际得分
1	规范准确填写编号的名称 （1）使用中文名称标准学名填写 （2）有错别字算错误	8	隐芽、露芽、覆芽，每错一处扣 1 分		
2	不得随意采摘或折损柑橘枝梢	3	无采摘或折损痕迹		
3	在规定时间内完成识别与填写	4	超过规定时间未完成扣 4 分，并终止考试		
合计配分		15			

6. 评分表

试题代码及名称		2.1 橘树指认（六）		答题时间（min）	10
编号	评分要素	配分	评分标准		实际得分
1	规范准确填写编号的名称 （1）使用中文名称标准学名填写 （2）有错别字算错误	8	顶端优势、边际效应，每错一处扣 1 分		
2	不得随意采摘或折损柑橘枝梢	3	无采摘或折损痕迹		
3	在规定时间内完成识别与填写	4	超过规定时间未完成扣 4 分，并终止考试		
合计配分		15			

3

第3章

柑橘育苗、建园、栽植

第1节　育苗

学习单元1　砧木

学习目标

了解柑橘砧木的选择方法。

掌握柑橘砧木的培育技术。

知识要求

一、砧木的选择

砧木是柑橘嫁接苗的重要组成部分，是柑橘生命周期树体生长与否的重要基础，砧木的优势直接影响柑橘的价值。应根据当时的生态适应性，与接穗品种的亲和性，对旱、涝、低温、异常高温以及其他自然灾害的抗逆性选择砧木。上海地区是柑橘栽培的北缘地区，柑橘树冻害的概率较高，一般以枳作为砧木。枳的优点是能忍耐－20℃的低温，具有极高的抗冻能力。也可以选择抗碱性较强的枳橙作为砧木。枳与枳橙均为耐寒砧木品种，根系生长良好，须根发达，喜微酸性，抗盐碱性较弱，耐涝，适用于土壤水分充足，有机质丰富的土壤，抗脚腐病、流胶病能力强。利用枳作为砧木，能起到提早结果，早丰产，果实早熟、皮薄、色佳、糖分高的优良作用。

二、砧木的培育

作为柑橘嫁接苗所用的砧木种子，必须是树势强健、无检疫性病虫害、采集时果实基本完熟的种子。清水浸泡后，将种子取出，选净，并充分阴干。种子播种前，应作消毒处理，常用杀菌剂消毒，种子可直接播种，也可催芽播种。

1. 苗床地选择

选择通气性良好的沙壤土作为培育砧木苗的苗床地，苗床地高 15 cm，宽度 100 cm，长度可根据田块的实际状况而定。苗床地要充分整细，使其团粒结构良好。

2. 播种

播种前，可用过磷酸钙作为底肥，每平方米 0.1～0.15 kg，与泥土充分拌和，然后浇水，待水分干后，进行播种。一般采用散播法。1 m^2 内播种为 0.4～0.5 kg，使其充分均匀，然后用经配制好的营养细土覆盖（泥土覆盖厚度在 1.5～2 cm），并进行棚式保护。苗床温度尽可能保持在 25～30℃。

3. 苗床管理及移栽

砧木苗移栽一般在 5 月上中旬为宜。移栽前可将棚架膜掀开，炼苗 1～2 天，提高幼苗的抗性和适应性。砧木苗主根较短，须根较发达，嫁接后苗木生长健壮。

4. 移栽苗管理

砧木苗移栽的密度掌握在株距 10～15 cm、行距 20～25 cm，移栽 15 天以后，可适当施薄粪水，促进根系生长，以后每隔 15～20 天施一次薄肥，并及时松土，使幼苗正常生长。待 9 月初，根据苗木生长状况开始嫁接。

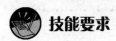

技能要求

苗床的整地与作畦

操作准备：

（1）土地 50 m^2。

（2）常用型铁搭 1 把。

（3）中小号准绳 20 m，插头 4 个。

（4）普通卷尺 1 把。

操作步骤：

步骤 1　整地

（1）用正确的整地动作与姿势标准碰地（将泥块击碎）。

（2）掌握耙的使用方法，学会平地。

步骤 2　作畦

（1）丈量，畦的宽度为 1.2 m。

（2）定桩，注意畦的长度不少于 3 m。

（3）拉绳。绳子要细，不要太粗。

(4) 作畦。畦沟深浅适宜，深度约为 5 cm。

答题标准：

试题代码及名称		3.1 苗床的整地与作畦		答题时间（min）	20
编号	评分要素	配分	分值	评分标准	实际得分
1	使用铁搭	2	2	铁搭整地动作与姿势标准得满分，否则扣 2 分	
2	开削畦沟	5	3	畦沟深浅适宜，深度约为 5 cm 得满分，否则扣 3 分	
			2	畦沟平整，无泥块得满分，否则扣 2 分	
3	畦线	8	2	标准绳牵拉正确呈笔直状得满分，否则扣 2 分	
			2	畦线呈直线不弯曲得满分，否则扣 2 分	
			1	畦壁平直无凹陷得满分，否则扣 1 分	
4	整地	5	2	整地泥细者得满分，否则扣 2 分	
			2	畦背呈光滑抛物线形得满分，否则扣 2 分	
			1	整地无杂草者得满分，否则扣 1 分	
合计配分		20			

学习单元 2　嫁接

学习目标

了解接穗的采集方法。

掌握柑橘嫁接时期及方法。

掌握柑橘嫁接苗管理。

知识要求

一、接穗的采集

选择无检验性病害虫的成年树作为母株，在树冠的中上部，挑选生长健壮，芽眼饱满，削面平整的夏梢或早秋梢作为接穗。接穗枝梢充分老熟，随剪随嫁接。为避免接穗苗散湿，可用湿润细沙保湿。

二、嫁接时期及方法

柑橘苗的嫁接时间全国各地有所不同，有的常年可以嫁接，有的一定要在夏季。上海地区适宜在九月至十月上旬，最迟不超过中旬。方法上采取芽接法，嫁接方式为露芽或丰露芽式，接后7～10天进行芽体检查，如芽体变色，则对成活有影响，应及时补接。

三、嫁接苗管理

嫁接后应保持田间水分，不宜过湿或过干，并及时清除杂草，疏通排水沟。操作中注意防止嫁接芽的机械损伤。春季当气温上升时，芽体萌发，可根据芽体抽发情况，及时解膜，并在四月份开始加强幼苗管理，做好苗圃病虫预防，薄肥勤施，促使嫁接苗生长健壮。根据苗木的不同生长势，也可在圃内完成促生分支，使苗木自然开张，形成幼期理想的骨架。加强薄肥勤施，每月施1～2次薄肥，氮磷肥结合，使苗生长健壮。冬季低温到来之前，应加强防冻技术措施的落实，及时灌水搭棚保护，防止低温冻害。

第2节 建 园

学习目标

了解柑橘建园的必要性。
了解小区规划。
了解河谷沙滩地建园。
了解上海地区建园。
熟悉建园标准。
熟悉小气候环境等立地条件。
熟悉柑橘的防护。
掌握土壤质地的选择。

知识要求

一、现代新建橘园标准

高标准建园是柑橘早结果、高产、优质、高效的关键。特别是在当前市场经济的环境下，高标准建园更是生产优质商品果的重要基础。如果建园质量不高，则栽植成活率低(即使能栽活，也会使柑橘树生长慢、结果迟、产量低、品质欠佳，甚至形成“小老树”)，多年收不到效益。以后即使采取补救措施，也难以达到高标准果园的水平，或者要付出更高的代价方能奏效。

高标准建园必须做到以下几点：

1. 因地制宜地选择园地，高标准规划果园。丘陵山地建园必须修筑等高水平的梯田，并开沟、撩壕、改良土壤。

2. 搞好水利设施的配套建设。灌溉条件未具备不栽树。

3. 定植前挖好 1 m 见方的定植穴，并施足有机质底肥。

4. 把好苗木质量关。选用优质无病毒的良种壮苗、健苗定植，提倡用营养钵苗。

5. 把好定植质量关。定植必须严格规范操作技术，栽植深度要适宜，栽后及时浇足定根水，以提高成活率。

二、园地选择

1. 土壤

(1) 优良土壤的基本标准：土层深厚，团粒结构好；土壤中水分适中，地下水位在 0.8 m 左右，pH 值为 5.5～6.5，有机质含量 1.5%以上。

(2) 柑橘树生长对土壤的要求

1) 土壤类型。山区、平原、海滩、丘陵均可栽种柑橘，其要求较广泛。

2) 土壤质地。通气性良好的沙壤土较适宜柑橘树生长，黏性土不宜种植柑橘。

(3) 土壤改良技术

1) 中耕。当春季气温开始逐步回暖，春芽抽发前，对树盘进行中耕，调节土壤温度，疏松土层，使土壤养分迅速分解，有利于根系的生长。中耕深度适中，视根系分布深度而定。

2) 深施基肥。对橘园进行基肥深施，既能为次年柑橘树生长和发育持续提供土壤营养，还能达到疏松土壤、提高土温、促进安全过冬的目的。施基肥的方法以沟施为主，肥料多数为复合肥，施肥的量保持每市亩 110 kg 左右。

3）合理插种。对幼龄橘园进行空地插种，能增加林下经济收益，但需插种一些低秆作物，例如花生、黄豆、甜瓜等农作物，种植苜蓿、蚕豆等作为绿肥深施具有多种作用。豆叶停留根部，经腐烂，能肥沃土壤，豆科植物根系还有固定氮素作用。在生产实践中，豆类浸泡后，深施对提高产量和品质有明显作用。

4）增施酸性肥料。对碱性较强的土壤，增施硫酸铵等酸性肥料能起到改善土壤酸碱度的作用。

2. 园地选择

在选择园地时，必须要有一个长远合理的规划，使柑橘在年周期生长发育中，有一个良好的环境条件，其重点是土壤质地及小气候环境等立地条件。土壤选择中，必须选择疏松的沙壤土为基础，不宜选择黏性土，地下水位要适中，pH 值在 5.5～6.5，土层深厚肥沃，有机质含量在 1.5%以上为宜。

三、园地的规划

为了便于管理，大面积建柑橘园时，必须高标准严要求，认真做好果园规划。规划内容包括：小区划分、道路设置、排灌设施、防风林设置、水土保持工程和果园建筑物布局等。

小区划分应以有利于果园耕作管理和山地水土保持为原则。小区的形状、大小要与地形、土壤和小气候特点相适应，并与道路、水利系统、梯田布局等结合起来。在自然环境基本一致的情况下，不必划分小区；但面积较大，地形变化较大的地方，应按照地形、土壤等具体情况进行合理的区划。小区以长方形为宜，面积 30～50 市亩为一区较适宜，小区长宽比 2∶1 或 5∶1。平地小区长边应取南北向，与果树行向一致。这样植株之间彼此荫蔽少。坡地橘园可以每几个梯级划分为一个小区，长边必须与等高线平行，这样便于耕作和排灌，且与自然环境相适应。小区面积不宜过大或过小，过大不便于管理，过小则机械耕作效率低。

道路设置以合理利用土地，便于果园管理和交通运输为原则，同时应与小区划分相配合。小型橘园可设置一两条道路，居中为一条主道，路宽 5～6 m，考虑到有的地方橘园纳入森林覆盖面积，路宽要减少到 4 m 以内，区间设小道与主道相连。

大面积橘园必须经过调查和测量，设置主道、支道和步行道。主道是全园的交通干线，能通行大型机动车辆，并能通往每个小区和山头。一般宽 6～8 m，同时要与附近交通要道相通。主道最好沿山脚或山脊修建。坡面过长时，应在半山腰加设一条环山道。陡坡山地道路应环山弯曲而上，成“之”字形，以利于行车和防止水土流失。支道设在小区的四周，一般宽 3～5 m。此外，还要根据地形变化，方便管理，合理配置若干步行道。

步行道宽 1.5～2 m。步行道连支道，支道连主道，构成纵横交错的交通道路网络。

四、不同地形地貌的建园

柑橘树对土壤的适应性较强，山地、平地和河谷沙滩地都能种植。但由于不同的地方其地形、地貌不同，土壤、水源条件差异很大，因此建园时果园规划必须区别对待，做到因地制宜改良土壤，以创造柑橘生长发育的良好土壤环境。

1. 山坡地建园因地形、地貌复杂，土层和坡度变化大，水土保持是关键。必须注意以下几点：

(1) 海拔高度。一般海拔高度每升高 100 m，气温下降 0.5～0.6℃，海拔过高冬季易遭受冻害，不宜建园。通常海拔 30～150 m 的山坡地较理想。

(2) 坡度以缓坡为好。一般要求坡度在 15°以下，最陡不得超过 20°。

(3) 选择好坡向。坡向不同，温度、湿度不同。一般南坡，日照较多，较温暖，物候期开始早，果实成熟也相应提前，但南坡蒸发量较北坡大，因此容易干旱。西坡和东坡介于南坡与北坡之间，但西坡夏、秋日照强，易产生日灼病，易伤根。在南亚热带地区除西坡外，其他坡向均可；而在北亚热带地区，宜选东南坡和南坡。

(4) 选择好土壤。选择土壤时，应遵循宜深不宜浅、宜松不宜黏、宜酸不宜碱的原则。

(5) 选择有水源的地方。附近应有水源，以保证柑橘对水分的需要。

(6) 搞好水土保持。坡地建园往往水土流失严重，必须建好水平梯田，并采取综合治理措施，有效地防止水土流失。

2. 在河谷、沙滩地建园，由于沙滩地土层薄、质地沙、土壤呈酸性反应，有机质和有效养分含量低，肥水容易渗漏，地下水位季节性变化大，保水、保肥力差，不利于柑橘树的正常生长。因此，在河谷沙滩建园必须改良土壤、降低水位、改善土壤理化性状，这是提高成活率的关键。除应深沟、高畦，开沟排水外，在种柑橘树之前应先种植防风林，固沙、防晒。

沙滩地常位于山区的溪流两岸或两溪会合的三角地带。沙滩地土层浅薄，沙性重，有机质和有效养分的含量都很低，保水、保肥力差，昼夜温差大。地下水位随季节变化大，雨季地下水位过高，而旱季太低，蒸发量大，难以控水。此外，沙土吸热、传热快，盛夏地表温度可达 60℃以上，而冬季的夜晚地温又偏低。这些都不利于柑橘树的生长。因此，要利用沙滩地种植柑橘，必须对沙滩地进行土壤改良。

(1) 在河谷沙滩地种草、种树，削减水位暴涨、暴落时的流速，促进泥沙沉积，逐渐加厚土层。

（2）在溪边建筑防水坝，既可防止泥土被洪水冲走，又可作果园道路利用，方便交通运输。

（3）取客土加厚沙滩地土层，改良土壤。

（4）种植绿肥，增施有机肥料，提高土壤有机质的含量。夏季种豆科作物；冬季种苜蓿、蚕豆或肥田萝卜，待其开花时割压埋入土中或覆盖。

（5）采取深沟高垄方式栽植柑橘树，以利雨季排水和降低地下水位。

总之，沙滩地的土壤改良应常抓不懈，才能保证柑橘早结、高产、优质。

上海地区建园属于平地建园。平地建园排水是关键。因为平地地势开阔，地面起伏不大，但也存在地下水位较高，易积水的问题。因此，平地建园除了要选择地势较高的园地外，还要根据地下水位的高低，重点解决排水问题。采取深沟起垅种植的办法，同时建立完善的排灌系统，做到能排、能灌。此外，在土质为纯沙层或淤泥层相间的地带，应进行土壤改良，破坏淤泥层，消除地下水位高的现象，以利于柑橘根系生长。在沿江边的平地建园，要修筑防洪堤，防止洪水侵袭。

五、园地的周围种植防风林

防风林在减轻柑橘冻害、旱灾、热害等自然灾害方面具有十分重要的作用。防风林夏季能降低气温，提高橘园内空气湿度，减轻旱灾、花期的异常高温、热害和果实的日灼病。冬季能显著降低风速，提高周围空气温度，减轻冻害。例如，上海长兴岛前卫农场在风大气温低（绝对最低气温达－11℃）的长江三角洲，利用珊瑚作橘园的防风林带，成功地栽培了温州蜜柑，连续多年获得亩产 3 500 kg 以上的收益。又如位于江西南昌梅岭山脚下江西农业大学的橘园，利用樟树、梧桐树、松树等作防风林，20 余年温州蜜柑未发生冻害或冻害轻微，获得了比较稳定的产量。而没有防风林的地区，橘树则冻伤或冻死现象严重。因此，在建设橘园时应强调防风林的营造。

橘园防风林分主林带和副林带，主林带要与主风方向（北风）垂直，每隔 100～200 m栽一棵。副林带与主风方向平行，每隔 300～400 m 栽一棵。防风林的防风效果为树高的 15～20 倍。主林带栽树 3～5 行，副林带栽树 1～3 行，高树栽中行，矮树栽两侧。栽植防风林的树木，必须挖大穴，施足基肥。同时加强栽植管理，使其迅速生长成林，尽快发挥防风效应。防风林带可以尽量设置在道路、沟渠两旁，这样既节省土地又比较美观。规划橘园道路时与防风林带结合。理想的橘园最好用防风林带网包围每一个小区。

用作橘园防风林的树种应符合下列要求：

第一，选择适应当地自然条件，生长迅速，树冠高大、直立、寿命长，经济价值高的树种。

第二，枝叶繁茂、再生能力强、根蘖不多的树种。

第三，与柑橘树没有共同的病虫害，而且不是柑橘病虫害的中间寄主。

第四，以常绿树种为主，适当配置落叶树种。

目前生产上常用的符合上述条件的树种有女贞、珊瑚树、松、杉、樟树等常绿树种，落叶树种可选择乌桕、悬铃木、合欢、白杨、洋槐、柳杉、丛竹、夹竹桃、紫穗槐等。河滩地区还可选用白榆、刺槐、杨柳、芦竹等。

技能要求

种植园适宜土壤类型识别

操作准备：

（1）60～70 m^2 教室。

（2）多媒体放映设备（或考生每人一台计算机）。

（3）识别用的种植园适宜土壤类型图片。

操作步骤：

步骤 1　按计算机所示图片认真审视。

步骤 2　按顺序规范辨别所示图片（见彩图 23～彩图 30）。

注意事项：

（1）使用中文名称标准学名。

（2）识别时有错别字算错。

第 3 节　定　植

学习单元 1　栽前准备

学习目标

了解耕翻与熟化土壤。

掌握确定株行向、株行距。

了解地下水位较高的地方种植柑橘的注意事项。

知识要求

橘园在经过开沟撩壕和整梯后，在定植前还需将梯面垦翻一次并平整好土地。如果梯面高低不平或有一定的坡度，不仅容易造成水土流失，而且耕作管理和灌水、施肥都不方便。如果栽树后再平整土地，又容易使低处橘树主干埋土过深，而高处橘树根群易裸露，影响生长，特别是低处橘树根颈部埋入土中，不仅橘树生长缓慢，而且容易引起根颈部病虫危害，造成落叶甚至死树。因此，在栽树前一定要先清除杂草、树蔸，按规划划分小区，平整好土地。山坡地建园凡经过开沟撩壕的，修筑梯田后，最好先在梯面种植一年先锋作物（如花生、豆科作物、蔬菜、西瓜等）使土壤熟化，壕沟下沉后再于秋季定植，这样可以避免栽树后因壕沟下沉使橘树根颈部随之埋入土中。

确定株行向，主要考虑有利于橘树的采光和透风。一般平地橘园以南北行向为好。这样橘树行间日照时间长，橘树间互相遮阳的时间少，而且冬季冷空气容易通过，不易滞留产生冻害。平地栽树每小区行、株都必须对齐，拉成直线，务求整齐美观。山地栽树行向则随水平梯田走向，按株、行距，每梯栽一行或几行。株行间不强求对成直线，可随梯田走向而弯曲。

平地、水稻田等地下水位较高的地方种植柑橘要注意地下水位问题。

地下水位高，柑橘的根系不能深扎，树冠也很难长得高大。在地下水位高的地方种橘，排水降低地下水位至关重要。平地和水稻田地势都相对较低，排水不畅时，特别是在雨季，往往容易造成积水，抬高地下水位，影响根系生长。因此，在平地和水稻田种植柑橘，必须采取措施解决地下水位问题。

一是采取深沟高垄的栽植方式，即在行距确定之后，在行间开沟，将沟中土壤堆于行中，修筑成龟背形的长条垄带，垄带越高越好，橘树则种植在垄带的正中最高处。二是栽树时适当浅栽，便于以后培土，加高土层。定植穴不能挖得太深，以确保根茎部露出垄面土壤为度，定植时橘苗的主根要剪短，注意培养水平生长的侧根。三是在橘园四周开深排水沟，使垄沟与排水沟相连，以便于排水通畅。

学习单元 2　橘苗选择

学习目标

了解橘苗检疫。

熟悉营养钵苗和裸根橘苗。

熟悉良种壮苗具备的条件。

知识要求

一、确定苗木质量

苗木的质量好坏是确保定植成活与否和建园成败的关键，因此，在确定好柑橘品种后，定植前还必须准备好足够数量的优质苗木。最好选择无病毒营养钵苗，这种苗木根系发达，苗木质量好，而且带土栽植，根系保存完好，定植成活率高，也不受定植时间的限制。如果采用裸根苗，取苗时应尽可能保持根系的完整，并采取措施保护根系在运输过程中免受损害。一年生的苗木最好先选择良好的土壤假植 1～2 年，进行精细管理，培育成大苗，然后带土定植，这是提高成活率的关键，也是定植后早结丰产的基础。

二、要选用良种壮苗

良种壮苗应具备如下条件：

1. 嫁接苗应有一定的高度与粗度。嫁接口以上的高度应超过 30 cm，嫁接口以上 2 cm 处的主干粗度大于 0.8 cm 以上，枝叶繁茂、老熟，叶色浓绿。

2. 嫁接口处应已解除绑膜条，且愈合良好，表面平滑。

3. 植株直立，有 2～3 个分枝。

4. 根系发达，须根多。

5. 病虫害少。

三、橘苗检疫

橘苗选择要全面执行橘苗市场准入制度。

近年来，许多农民自发到外地甚至国外引种新品种的积极性很高。可是由于引种时未经植物检疫，带入了一些新的病、虫、杂草，危害性渐显。为防止柑橘危害性病虫害的传播蔓延，特别是防范有“柑橘癌症”之称的柑橘黄龙病的传入，保护柑橘生产安全，要全面执行橘苗市场准入制度。

一是建立和健全柑橘类苗木接穗检测检疫登记制度。需到县级行政区域以外的地区调入橘苗的单位及个人，必须事先向区植物检疫站征求意见；禁止疫情发生地苗木接穗调入本区。

二是以区内为主进行苗木自繁自育，并建立柑橘类苗木繁育检疫登记制度。凡进行种苗繁育的单位和个人，在落实育苗基地前，必须向区（县）植物检疫站提出产地检疫申请，经审查同意，方可在确定的非疫区范围内建立母本园、良种场和苗圃，按照国家《柑橘苗木产地检疫规程》繁育柑橘类种苗。

三是加强苗木市场检疫检查。自繁自育的橘苗凭产地检疫证、外埠橘苗凭调运检疫证在本区境内市场进行交易。

学习单元 3　定植时期

学习目标

知道定植时期选定的重要性。

知识要求

定植柑橘首先要选择适宜的定植时期。定植时间主要根据各地气候特点、苗木类型、苗木枝梢老熟情况、园地排灌设施和果农种植习惯来定，一般可选择春、秋两个时期定植。春季定植通常于 2 月上旬至 3 月上旬进行。此时气候温暖，常温超过 12.8℃，雨水渐多，湿度较大，种植后容易成活。在水源缺乏、秋旱严重和冬季霜冻严重的地方，可选择春季定植。秋季定植通常于 10 月中下旬至 11 月上旬进行，在冬季气温较高、水源充足、无霜冻的地方可选择这段时期种植。秋植可利用气温高、降雨少的“十月小阳春”时段定植，此时段苗木伤根易愈合，易发新根，到翌年春季还能正常抽发春梢。在秋、冬季气温适宜及水源丰富的地方，采用秋植比春植好，对扩大树冠、早结丰产更为有利。如果采用无病毒营养钵苗，则在一年中 2—11 月任何时间都可定植。

柑橘苗木定植根据气候的不同，上海地区适宜春季定植，以春分为最佳时期，此时，气温开始上升，一般情况下无强低温出现。

定植以后，根系能在短时期抽发新根，因而苗木生长恢复时间快。定植过早，因气温低，变幅大，易受春寒影响；定植过迟，春梢已抽发，则影响春梢的生长质量。如秋季定植的须掌握宜早不宜迟的原则，应在九月下旬，秋梢老熟以后立即开始进行，如过迟气温明显下降，根系吸收水分困难，在冬季低温时，易遭受冻害。

学习单元4 定植密度

学习目标

知道橘苗合理密植。

懂得橘苗的计划密植与间伐。

知识要求

一、柑橘合理密植

过去确定株、行距，是以每个柑橘品种成年时期最大树冠直径为依据。这种方法往往栽植较稀，早期土地利用率低，结果迟，产量低，为了有效地利用土地，提高经济效益，增加早期产量，世界各主产国都比过去缩小了栽植距离，加大了种植密度，并趋向于合理密植栽培。

合理密植是充分利用土地，提高经济效益的重要措施之一，也是现代化柑橘园的发展方向。它具有改善光照条件，提高光能和土地利用率的特点；合理密植的群体结构能形成适宜的小气候，有利于柑橘生长结果；较小的树冠具有便于田间管理，提高工效，促进提早结果，提高单位面积产量等优点。合理的栽植密度，是根据各柑橘品种的生长特性、砧穗组合、地势、土壤条件和栽培技术等确定的。一般平地宜稀，山地宜密；肥地宜稀，瘦地宜密；树冠稀疏高大的品种如柚宜稀，树冠紧凑、矮小、成形较早的品种如金柑、特早熟温州蜜柑宜密；适于机械化操作管理的宜稀，手工操作的宜密；行间宜稀，株间宜密；非计划密植的宜稀，计划密植的宜密。一般要求树冠定型后，行间尚有 1 m 以上的空间为适宜，即采取宽行密株的种植方式，这一点对于确保柑橘树充分采光和橘园通风透光、减少病虫滋生非常重要。

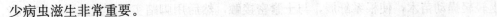

根据不同品种的生长特性，合理确定永久性的密度，据崇明绿华地区长期的生产实践，温州蜜柑早熟品系宫川，通常以 3.5 m×3.5 m 较适宜，过稀不利于早期土地充分利用，一般每市亩以 55～70 株为宜。最多不超过 74 株/市亩。

通常柑橘栽植密度，按市亩栽植的永久株数量计，不同品种的栽植密度如下：甜橙株行距（3.5～4）m×（4.5～5.5）m（亩栽 30～42 株）；宽皮柑橘株行距（3～3.5）m×（3.5～4.5）m（亩栽 40～60 株）；柚类株行距（4～5）m×（5～6）m（亩栽 22～33 株）。

二、柑橘早期密植与后期间伐

根据品种状况，特早熟类或早熟类品种，在土壤质地较差，肥培水平低的条件下，生长势较差，个体小，易早期结果，生产上为早期充分利用土地和空间，进行高密度定植，以求得早期丰产。

具体方式是：株距 1.5 m，行距 1.5 m，轮宽 3 m 或 3.5 m，待生长六至七年时逐步进行间伐，实行大苗移栽，并有利永久树的生长扩展。适时高密度栽植法，早期能充分利用土地和空间，节省土地，也便于操作管理。这是崇明绿华地区长期以来所采用的良好栽培方式，易被广大橘农所采用。为了在早期充分利用土地与光能，人们根据品种特性和立地条件适当增补临时株。但需要强调的是，随着树冠的增大，橘树间间距的缩小，要及时果断地间伐临时株，为永久株提供采光空间。

学习单元 5　定植方式

学习目标

能够学会柑橘大树移栽法。

能够学会柑橘小苗移栽法。

知识要求

定植时在土堆上挖一小穴，苗木放在穴的中央，根颈部与土堆平齐，株行距对整齐，用手把根向四周理直，不使弯曲，再将细碎表土和腐熟厩肥或堆肥、火土灰等覆盖根部，用手向上轻轻提动苗木，使根系舒展，与土紧密接触，然后用脚踏实，覆土盖平。注意将嫁接口露出地面，及时浇灌一桶“定根水”。如遇天旱，栽植2～3天后需再浇水数次，以提高成活率。为便于幼树整形，防止风吹摇动树苗伤根，最好在橘苗旁立一支柱，并将橘苗绑缚在支柱上。

定植的具体方式如下：

1. 大树移栽法

大树移栽的优点是成园快，见效迅速，是柑橘栽植中的有效方式。

但在栽植上应注意几个方面：

一是必须充分带土，最大限度地保护泥球，不使损伤。

二是穴的深度、宽度须与泥球有一个良好的吻合。

三是穴内施足有机肥，并于泥土充分拌和，浇足底水。

四是栽植后及时适当疏删，或回缩中上部枝条，减少蒸发，促使新梢抽发、健壮、紧凑，栽后继续进行树盘浇水及覆盖，并进行树体绑架，防止被台风吹倒。

2. 小苗移栽

（1）带土移栽。带土移栽是柑橘苗木移栽的一个有效方式，通常近距离引苗或自繁育苗，基本上都采取带土移栽法。带土移栽的优点是成活率高，恢复生长快，但移栽时不宜损伤泥块，须完好无损才能达到预期的效果。

（2）不带土移栽。因长途引种，为节省成本而采取的光苗引苗方式，不带土栽培必须要做到几个要点。

一是光苗必须及时剪去叶片，保护叶柄，减少水分蒸发。出圃后，根系要沾泥浆，以维持生命活力，提高成活率。

二是随到随栽，尽快缩短间隔期。

三是浇足穴内水分，苗木栽后轻轻提拔再覆盖泥土。

四是苗木定植高度以嫁接口露出地面为宜，过深、过浅均不利于橘苗的生长。

技能要求

树苗种植

操作准备：

（1）土地50 m^2。

（2）橘树树苗1棵。

（3）普通卷尺1把。

操作步骤：

步骤1　挖树穴。

步骤2　确定树穴直径。

步骤3　种树。

步骤4　提苗。

步骤5　边覆土边夯实。

答题标准：

试题代码及名称		3.2 树苗种植		答题时间（min）	20
编号	评分要素	配分	分值	评分标准	实际得分
1	铁锹使用	2	2	铁锹准确使用得满分，否则扣2分	
2	树穴直径	6	4	树穴直径大于苗根球 20～30 cm 者得满分，否则扣4分	
			2	树苗能直接放入树穴者得满分，否则扣2分	
3	嫁接口	5	3	嫁接口高于地面者得满分，否则扣3分	
			2	嫁接口高于地面 5～15 cm 者得满分，否则扣2分	
4	覆土	7	3	覆土夯实得满分，否则扣3分	
			3	覆土后浇透水者得满分，否则扣3分	
			1	浇水使土面光滑平实者得满分，否则扣1分	
合计配分		20			

学习单元6　树木定植后即时管理

学习目标

能够掌握对柑橘树的浇水技术。

能够掌握对柑橘树的覆盖技术。

能够掌握对柑橘树的绑扎技术。

能够了解对柑橘树的疏梢、摘心技术。

能够了解对柑橘树的适时施肥技术。

知识要求

一、浇水

苗木定植以后，使穴内泥土松散。黏性土浇水后，在长期高温下还会出现裂缝，而此时根系的活动能力较差，新根生长还需一个过程，因此，多次浇水，有利于维持前期的根系生命力，提高成活力。

二、覆盖

小橘苗或大树移栽以后，很快进入高温期，为促使根系的生命活力，需进行树盘覆盖。覆盖能降低土温，保持土壤湿润，是苗木栽后实施的一个有效栽培方式，能起到省工、省本、提高成熟率的作用。

三、绑扎

主要是对大树移栽所采取的防御措施。生产上在八月份往往遇到台风，将新栽植的大树吹倒，严重影响新栽树的生命力。采取树干绑扎，固持树体，能起到有效防倒作用。

四、疏梢、摘心

由于大树移栽都进行回缩和短截修剪，因此，抽发新梢数量多，生长势较强。当春梢或夏秋梢生长到一定程度时，应及时进行疏理，使枝梢分布合理、均匀，生长充实，枝型紧凑，及早形成丰产树冠。

五、适时施肥

苗木移栽以后，在进入到第二次新梢抽发时，即可进行薄肥勤施，以水为主。施肥的目的是促进新梢生长健壮，尽快形成丰产树势。

测试题

一、单项选择题（选择一个正确的答案，将相应的字母填入题内的括号中）

1. 砧木是用于培育优良苗木的基础材料，优良的（　　）应具备抗低温、抗盐碱、抗病虫和抗旱涝的优点。

(A) 接穗　　(B) 砧木　　(C) 品种　　(D) 品系

2. 砧木是用于培育优良苗木的基础材料，优良的砧木应具备抗（　　）、抗盐碱、抗病虫和抗旱涝的优点。

（A）低温　　（B）高温　　（C）黄化　　（D）病毒

3. 砧木是用于培育优良苗木的基础材料，优良的砧木应具备抗低温、抗盐碱、抗（　　）和抗旱涝的优点。

（A）逆性　　（B）渍害　　（C）病毒　　（D）病虫

4. 砧木是用于培育优良苗木的基础材料，优良的砧木应具备抗低温、抗盐碱、抗病虫和抗（　　）的优点。

（A）干旱　　（B）渍害　　（C）旱涝　　（D）高温

5. 嫁接是由（　　）的一部分与砧木通过技术手段进行融合，产生杂交后代，获得优良性状的目的。

（A）结果枝　　（B）枝梢　　（C）枝条　　（D）接穗

6. 嫁接是由接穗的一部分与砧木通过技术手段进行（　　），产生杂交后代，获得优良性状的目的。

（A）融合　　（B）切合　　（C）贴紧　　（D）扎绑

7. 嫁接是由接穗的一部分与砧木通过技术手段进行融合，产生（　　）后代，获得优良性状的目的。

（A）亲和　　（B）杂交　　（C）变异　　（D）抗逆

8. 嫁接是由接穗的一部分与砧木通过技术手段进行融合，产生杂交后代，获得（　　）性状的目的。

（A）高产　　（B）抗逆　　（C）优良　　（D）优质

9. 柑橘园地的（　　），应具备良好的小气候环境，土壤通透性好，酸碱度适宜，有机肥含量高的优点。

（A）种植　　（B）选择　　（C）苗木移植　　（D）条件

10. 柑橘园地的选择，应具备良好的（　　）环境，土壤通透性好，酸碱度适宜，有机肥含量高的优点。

（A）小气候　　（B）自然　　（C）交通　　（D）外部

11. 柑橘园地的选择，应具备良好的小气候环境，土壤通透性好，（　　）适宜，有机肥含量高的优点。

（A）耐寒性　　（B）保水性　　（C）酸碱度　　（D）地下水

12. 柑橘园地的选择，应具备良好的小气候环境，土壤通透性好，酸碱度适宜，（　　）含量高的优点。

(A) 生物菌　(B) 微生物　(C) 无机肥　(D) 有机肥

13. 苗木（　），先进行土壤耕翻、平整分垄、开沟挖穴和有机肥的准备。

(A) 嫁接后　(B) 定植前　(C) 选好后　(D) 确定前

14. 苗木定植前，先进行土壤（　）、平整分垄、开沟挖穴和有机肥的准备。

(A) 熟化　(B) 检测　(C) 耕翻　(D) 下肥

15. 苗木定植前，先进行土壤耕翻、（　）分垄、开沟挖穴和有机肥的准备。

(A) 随意　(B) 标准绳　(C) 铁锹　(D) 平整

16. 苗木定植前，先进行土壤耕翻、平整分垄、开沟（　）和有机肥的准备。

(A) 挖穴　(B) 排水　(C) 降温　(D) 疏通

17. 柑橘优良苗木，应具备苗枝（　）、叶色浓绿、根系发达、无病虫危害的特征。

(A) 笔直　(B) 挺拔　(C) 粗壮　(D) 徒长

18. 柑橘优良苗木，应具备苗枝粗壮、叶色（　）、根系发达、无病虫危害的特征。

(A) 浓绿　(B) 厚实　(C) 好看　(D) 老熟

19. 柑橘优良苗木，应具备苗枝粗壮、叶色浓绿、根系（　）、无病虫危害的特征。

(A) 粗壮　(B) 发达　(C) 较密　(D) 较长

20. 柑橘优良苗木，应具备苗枝粗壮、叶色浓绿、根系发达、无（　）危害的特征。

(A) 根部　(B) 枝梢　(C) 叶片　(D) 病虫

21. 上海地区柑橘苗木定植分春定与（　）两种。春定当年生长量少，秋定次年生长量多，但因气温因素，大多以春季为主。

(A) 秋定　(B) 秋夏　(C) 秋冬　(D) 春冬

22. 上海地区柑橘苗木定植分春定与秋定两种。春定（　）生长量少，秋定次年生长量多，但因气温因素，大多以春季为主。

(A) 枝叶　(B) 当年　(C) 根系　(D) 枝梢

23. 上海地区柑橘苗木定植分春定与秋定两种。春定当年生长量少，秋定次年生长量多，但因（　）因素，大多以春季为主。

(A) 苗木　(B) 劳力　(C) 气候　(D) 气温

24. 上海地区柑橘苗木定植分春定与秋定两种。春定当年生长量少，秋定次年生长量多，但因气温因素，大多以（　）为主。

(A) 秋、冬季　(B) 秋季　(C) 春季　(D) 夏季

25. 柑橘苗木（　）定植，能有效地利用土地和空间，有利于个体和群体产量提高，促进柑橘结果期延长。

(A) 高密度　(B) 合理　(C) 低密度　(D) 挖穴

26. 柑橘苗木合理定植，能有效地利用（　　）和空间，有利于个体和群体产量提高，促进柑橘结果期延长。

(A) 土地　(B) 苗木　(C) 插种　(D) 修剪

27. 柑橘苗木合理定植，能有效地利用土地和空间，有利于个体和（　　）产量提高，促进柑橘结果期延长。

(A) 树体　(B) 株距　(C) 群体　(D) 行距

28. 柑橘苗木合理定植，能有效地利用土地和空间，有利于个体和群体产量提高，促进柑橘（　　）延长。

(A) 花期　(B) 花芽分化期　(C) 生长期　(D) 结果期

29. 柑橘苗木实行（　　）定植，能在前期充分提高土地和空间的利用率，促进生产管理。通过间伐，能确保永久性树的正常生长发育。

(A) 适时　(B) 计划　(C) 春季　(D) 优良品种

30. 柑橘苗木实行计划定植，能在（　　）充分提高土地和空间的利用率，促进生产管理。通过间伐，能确保永久性树的正常生长发育。

(A) 苗期　(B) 盛产期　(C) 前期　(D) 后期

31. 柑橘苗木实行计划定植，能在前期充分提高土地和（　　）的利用率，促进生产管理。通过间伐，能确保永久性树的正常生长发育。

(A) 空间　(B) 插种　(C) 苗木　(D) 劳力

32. 柑橘苗木实行计划定植，能在前期充分提高土地和空间的利用率，促进生产管理。通过（　　），能确保永久性树的正常生长发育。

(A) 施肥　(B) 防病治虫　(C) 修剪　(D) 间伐

测试题答案

1. B　2. A　3. D　4. C　5. D　6. A　7. B　8. C　9. B　10. A　11. C　12. D　13. B　14. C　15. D　16. A　17. C　18. A　19. B　20. D　21. A　22. B　23. D　24. C　25. B　26. A　27. C　28. D　29. B　30. C　31. A　32. D

4

第 4 章

柑橘栽培管理

第 1 节　肥、水管理

学习单元 1　合理施肥

学习目标

了解柑橘树生长发育对土壤矿质养分的吸收。

了解合理施肥的目的、意义。

熟悉施肥的原则、要求。

熟悉肥料种类。

熟悉不同树龄的施肥方法。

掌握施肥方式。

知识要求

1. 柑橘树生长发育对土壤矿质养分的吸收

柑橘树在年周年生长发育中，要进行抽梢、开花、结果，树体生长发育需要大量的养分。其中，氮、磷、钾为大量需要的元素；其次为镁、硫、铁、锰、硼、钼等微量元素。

(1) 氮素。氮素是柑橘树生长发育需要量最大的营养元素，合理施入氮素肥料，能促进枝叶生长健壮、叶片大、果实膨大、产量高，增强树势。

(2) 磷素。磷能促进柑橘根系生长，帮助花芽分化，增加花芽分化数量，提高分化质量，使果皮变薄，糖分增加，果肉化渣，提高品质。

(3) 钾素。合理使用钾肥，能促进枝梢生长充实，叶片增绿，抗性增加，提高果实品质。

(4) 微量元素。微量元素需要量少，但不可缺少。生产实践中，当柑橘生长营养大量充足时，如缺少某种微量元素，则表现出叶片黄化等不良症状。因此，要合理配方施肥，加强对土壤养分的检测，提高土层有机质含量，确保柑橘树对养分需要的满足。

2. 合理施肥的目的、意义

所谓合理施肥，即要根据不同树龄、树势、土壤状况，在施肥上采取适时适量、合理配方、对症下肥的措施，以达到预定的目的。

（1）能促进树体生长健壮，枝叶茂盛，叶色深绿，抗寒，增强抗病虫能力，延长生长结果寿命。

（2）能增大果实，提高产量，增加经济效益。

（3）能增加糖分，提高果实品质，提高商品率。

3. 施肥的原则、要求

（1）有机肥料与无机肥料相结合，以有机肥料为主。有机肥料所含营养元素种类多，是一种完全肥料，迟效性好；但化学肥料肥效发挥快，即短期内能达到肥效。因此，两者有机地结合才能达到良好的效果。

（2）基肥与追肥相结合，以基肥为主。基肥作为长效性肥料，能在次年源源不断供应植株根系吸收，但肥效慢；而化学肥料作为追肥方式，能起到速效的目的。二者相互联系，相互促进。

（3）氮、磷、钾肥料与中微量元素肥料相结合，以氮、磷、钾肥料为主，但也不应该忽视微量元素肥料的作用。氮、磷、钾的比例为1∶0.5∶0.8，微量元素肥料需要量少，但作用大，生产上利用有机肥料施入和叶面肥喷施来对土壤补充微量元素。

（4）根际施肥与叶面喷施相结合，以根际施肥为主。根际施肥投入数量大，是生产上主要的施肥形式；叶面喷肥只是一种微量元素的补充，以及氮、磷、钾肥速效利用。

（5）肥料与水分相结合。肥料是根系吸收养分的主要来源，但肥料必须通过溶解，以液体的方式被根系吸收。在夏季高温干旱期，土壤严重缺水，必须进行大量灌水或泼浇，使养分迅速溶解，达到及时有效地被根系吸收的目的。

4. 肥料种类

（1）氮肥。氮肥分有机氮肥和无机氮肥两种类型。有机氮肥指人、禽、畜肥类，无机氮肥指尿素、碳铵、硫铵、铵水等。

（2）磷肥。有机磷肥指饼肥等，无机磷肥指过磷酸钙、钙镁磷肥、磷矿粉、磷酸二氢钾等。

（3）钾肥。有机钾肥指垃圾肥，无机钾肥指硫酸钾、氯化钾等。

植物微量元素叶面喷施稀释表见表4—1。

表 4—1 植物微量元素叶面喷施稀释表

名称	浓度	作用
尿素	0.2%～0.4%	增加叶内氮素，促进叶绿素形成
硫酸铵	0.3%～0.4%	增加树体氮素及酸性物质
满素可铁	1 200 倍	防治树体缺铁引起的黄化症状
过磷酸钙	5%～1%	增加磷素，促进生根、开花、结果
磷酸二氢钾	0.3%～0.4%	促进叶片营养物质丰富，使树叶生长良好
硫酸钾	0.4%～0.5%	增加树体硫、钾等元素的含量
硫酸锌	0.1%～0.3%	增加锌硫含量，使叶片增绿
喷施宝	1 500～8 000 倍	植物营养液，提高体内营养素
健丽壮	1 000～2 000 倍	壮健树势，使叶片增绿、增厚
硼酸	0.1%～0.3%	促进花芽分化、提高花数
硫酸铜	0.01%～0.02%	增加植物的含硫、含铜量

5. 不同树龄的施肥方法

（1）幼年树的施肥。主攻方向是营养生长，促进丰产树冠架的迅速形成。施肥以氮肥为主，深施勤施，以水调肥，适当搭配磷钾肥。施肥时期从春季 3 月气温回暖开始至 7 月下旬基本结束，每月不少于 1～2 次，结合中耕松土，提高肥效。11—12 月份，深施基肥。

（2）成年树的施肥。成年树树体大、根系分布广、结果量多，消耗营养也多，施肥方法上需根据不同的生育进程，有规律地进行。通常情况下，分 3～4 次进行。

1）春梢肥。3 月份施入，以剖面方式，氮、磷、钾合理搭配，数量多少视树势和结果量多少而定。大年树多施，小年树少施；弱树多施，强树少施。

2）膨果肥。当夏季气温升高时，也正是幼果膨大开始时，此时根系生长、秋梢的抽发以及果实膨大，都需要大量的营养供给，因此，需对结果树进行大量肥水供应，为其提供足够的养分。施肥时期，上海地区通常在 7 月上旬左右，对坐果率较高、树体负荷过重的果树，在加强合理疏果的同时，还需补一次稳果肥，才能满足其需要。由于夏季正处于高温干旱期，因此，要与灌水泼浇相结合，使养分迅速溶解，尽快被吸收利用。

3）采果肥（采后肥）。成年树经大量结果，树体大量消耗营养，施采果肥是为了确保恢复和增强树势，促进安全越冬，有利于花芽分化，从而使次年继续稳产、丰产。所以柑橘果实采收以后，应及时施上恢复肥，以三元复合肥为主，每亩施过磷酸钙、复合肥各 35～50 kg，使树体在短期内能恢复生长势。

4）基肥。基肥是柑橘树生长发育中的一次基础性肥料，既能为次年持续提供有机营养，又能疏松土层，提高土壤温度，达到安全越冬的目的。基肥一般在立冬前施入，以深施为宜。

6. 施肥方式

（1）盘状形。在树冠滴水线部位，绕树体周围，开一条沟，其宽 20～25 cm，深度视树体生长状况及根系分布范围而定，一般掌握在 20 cm 左右，肥料施入后，用土覆盖。生产上称其为剖面施肥法。

（2）放射状。在树冠周围选择四个点，方向均匀，与树体纵向开沟深度 15～20 cm，肥料施入后，用泥土覆盖。

（3）对角形。对角形是柑橘生产上常采用的施肥方式，方法是：在树体的左右各开一条深度适中，长度在 80～100 cm 的沟，将肥料施入，第二年将方向轮换，在若干年后，能使土壤全部达到疏松肥沃。

（4）撒施法。这是在特定条件下，所采取的一种简单的施肥方式，即将肥料撒于树盘周围，在温度及土壤水分的作用下，逐步吸收利用。这种方式技术简单，但肥料易流失，如果施用化学肥料，往往易挥发，柑橘生产上不宜利用。

（5）深施法。深施基肥是柑橘生产上一种常用的方式。通常在果实采收以后，对柑橘树进行有机肥的深施。方式上可采取对角线，挖穴深度成年树一般在 30～40 cm，幼年树 20 cm 左右，将肥料施入后盖土，在次年柑橘生长发育期，基肥能源源不断为根系供应养分，是生产上一次重要的施肥。

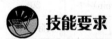

技能要求

柑橘缺素症状识别

操作准备：

（1）60～70 m^2 教室。

（2）多媒体放映设备（或考生每人一台计算机）。

（3）识别用的柑橘缺素症状图片。

操作步骤：

步骤 1　按计算机所示图片认真审视。

步骤 2　按顺序规范辨别所示图片（见彩图 31～彩图 42）。

注意事项：

（1）使用中文名称标准学名。

（2）识别时有错别字算错。

橘园施肥（环状施肥）

操作准备：

(1) 橘园 50 m^2。

(2) 常规化肥 1 袋（50 kg）。

(3) 塑料桶 1 只。

(4) 开环状沟工具。

操作步骤：

步骤 1　橘园内选定需要施肥的橘树。

步骤 2　根据要求开环状沟。

步骤 3　用塑料桶盛装化肥。

步骤 4　按要求正确施肥。

步骤 5　填埋环状沟。

注意事项：

(1) 装桶化肥量符合规范要求。

(2) 环状位置布置符合规范要求。

(3) 掩埋深度符合规范要求。

答题标准：

试题代码及名称		3.3 橘园施肥		答题时间（min）	20
编号	评分要素	配分	分值	评分标准	实际得分
1	装桶化肥量	5	3	桶内化肥量位于桶体积 3/4 得满分，否则扣 3 分	
			2	化肥装桶时动作快速且无撒落者满分，否则扣 2 分	
2	环状位置布置	8	5	环状位置布置合理者满分，否则扣 1 分	
			3	选择适宜环状施肥带与树干距离者满分，否则扣 1 分	
3	掩埋深度	7	4	掩埋深度约为 30 cm 者满分，过高或过低者扣 1 分	
			3	掩埋时不损害根系者满分，否则扣 1 分	
合计配分		20			

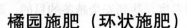

学习单元2　科学用水

学习目标

了解水的作用。

熟悉合理供应水分。

熟悉合理管理水分。

知识要求

一、橘园的灌水

1. 柑橘园水分全年管理

（1）萌芽坐果期（3—6月份）。需水量大，我国柑橘产区降雨量较多，能满足生长发育的要求。但此时也容易出现土壤水分过多，通气不良，抑制根生长的现象，应注意及时排水。柑橘开花坐果期对水分胁迫极为敏感，一遇高温干旱容易导致大量落花落果。此时应注意及时灌水或喷水，降温增湿。

（2）果实膨大期（7—9月份）。这个时期柑橘叶片光合作用旺盛，果实迅速膨大，需水量大。也正是上海梅雨过后，容易发生干旱的时期，当土壤水分含量低时必须及时灌溉。

（3）果实生长后期至成熟期（10—12月份）。土壤水分对果实品质影响较大，果实采收前1月左右应停止灌水。果实进入成熟期适当控水，能提高果实糖度和耐储性，促进花芽分化。在采收前1～2月用透气性地膜覆盖，果实不仅着色早，而且色泽鲜艳，利于销售。

（4）生长停止期（采收后至翌年3月份）。此期气温较低，蒸腾量小，降雨量也少。果实采收后，树体抵抗力减弱，尽管已处于相对休眠状态，但如连续干旱，容易引起落叶，影响来年产量。一般应在采收后结合施肥充分灌水，如连续干旱20天以上应继续灌水一次。

2. 防止柑橘干旱

旱季到来之前采取保水防旱措施，能提高土壤蓄水保水能力，维持土壤湿润程度，减少灌溉次数及用水量，这对于无灌溉条件或者灌水量不足的橘园尤其重要。

土壤覆盖能防止土壤水分蒸发，同时在灌溉和下雨时能增加水分渗透深度。覆盖物可就地取材，一般多采用稻草、绿肥、杂草以及其他作物茎秆，也可利用谷壳、木屑、树皮等进行覆盖。覆盖厚度依材料而定，10～20 cm，并在覆盖物上再盖一层薄薄细土。如果在覆盖的基础上适时浇水抗旱，效果更佳；将保水材料（如珍珠岩、膨润土等）与根系附近土壤混合也可达到保水目的；此外，挖穴埋草也有明显的保水效果。挖穴埋草是在树冠周围挖3～4个边长为30～40 cm的正立体穴，填入稻草或杂草，上面覆土。此法蓄水、保水效果较好，久旱雨后裂果率明显降低，并且对增加土壤容重，改善土壤结构有重要作用。

目前生产上推广的抗旱剂种类较多，大致分为两种类型：一种类型是高分子液态物质，喷布树冠，在枝叶形成一层薄膜防止水分蒸发，如抑蒸保湿剂、FA“绿野”等；另一类型是高吸水树脂类物质，将其与根系附近土壤混施树盘沟中，遇水吸收膨胀，保存水分，土壤干旱时释水。上述抗旱剂可以试用，使用方法详见其使用说明。

3. 柑橘园灌溉情形

灌水时期应根据柑橘对水分的需要量、土壤含水量和气候条件等因素确定。

具体方法有土壤含水量测定法和经验确定法。一般柑橘在生长结果期，土壤水分最好达到田间最大持水量的60%～80%。当土壤水分含量低于田间持水量的50%～60%时，必须及时灌溉。在生产实践中可凭经验判断土壤大体含水量。如土壤为沙壤土，用手紧握形成土团，再挤压时土团不易碎裂，说明土壤湿度在最大持水量的50%以上，一般不必进行灌溉；如果手捏松开后不能形成土团，则证明土壤湿度太低，需要进行灌溉；如果土壤为黏壤土，捏时能成土团，轻轻挤压容易发生裂缝，证明水分含量少，需及时灌溉。夏秋干旱时期还可根据天气情况决定灌水时期，一般连续高温干旱15天以上即需开始灌溉；秋冬干旱可延续20天以上再开始灌溉。

4. 柑橘园普通灌水方式

普通灌水方式即我国传统的灌水方式，有漫灌、沟灌、简易管网灌、浇灌等。

（1）漫灌。漫灌是将水提升到山顶水池，然后沿输水渠流到橘园各小区。平地果园采用此法可将全园灌透，山地橘园必须修整梯田。此法耗水量大，容易造成水土流失、表土板结，土地不平整时灌水不均匀。

（2）沟灌。沟灌是利用自然水源或机电抽水，进行开沟放水灌溉的方法，适用水源较充足的橘园。一种方法是在行间开深沟，在树冠滴水线开环状浅沟，水从大沟流入环沟，逐株浸灌；另一种方法是在树的株行间开沟，并在果园四周开大沟输水，山地梯田则利用背沟，灌溉水经沟底壁渗入土中，此法水浸润较均匀，并可与排水结合开沟。由于沟灌耗水量大，必须将灌水技术要素合理地组合才会得到节水的效果，如采用较小的畦、沟尺寸，改长沟为短沟，间歇沟灌，尾水回收等可提高灌溉均匀度，大大减少灌水量。

(3) 简易管网灌溉。简易管网灌溉是在柑橘园内铺设输水管网，利用水的自然落差或水泵提水加压后将水送到园内。这种灌溉方式成本适中，对地形没有严格要求，可减少水土流失。

(4) 浇灌。浇灌是直接将水浇在柑橘树下，适宜水源不足的橘园及幼年树或零星种植的植株。将水放到沟畦及梯田内侧背沟或蓄水池，或利用自来水系统接出蛇管往树冠下挖的穴或盘状沟逐株浇灌。这种灌溉方式最好结合施肥一起进行，浇灌后及时覆土。

5. 要推广柑橘节水灌溉

水资源紧缺已成为严重制约我国经济社会可持续发展的突出问题。我国农业用水总量每年约 4 000 亿 m^3，占全国总用水量的 70%，灌溉效率低下和用水浪费的问题普遍存在。我国农业缺水的问题在很大程度上要依靠节水予以解决，因此要大力推广节水灌溉（或微水灌溉）。

柑橘节水灌溉方法有滴灌、微喷灌、小管出流、渗灌等。其中滴灌在国外应用最广泛。

(1) 滴灌。滴灌是将有一定压力的水消能后，以滴状输入植物根部进行灌溉的方法。即微灌系统尾部毛管上的灌水器为滴头，或滴头与毛管制成一体的滴灌带，使用中可以将毛管和灌水器放在地面上，也可以埋入地下 30～40 cm。前者称为地表滴灌，后者称为地下滴灌。

(2) 微喷灌。微喷灌是微灌系统尾部灌水器为微喷头。微喷头将具有一定压力的水以细小的水雾喷洒在作物叶面或根部附近的土壤表面。有固定式和旋转式两种，前者喷射范围小；后者喷射范围大，水滴大，安装间距也大。

(3) 小管出流。小管出流是用直径 4 mm 的微管与毛管连接作为灌水器，以细流（射流）状局部湿润作物附近土壤，流量较小。对高大橘树通常围绕树干修一渗水小沟，以分散水流，均匀湿润果树周围土壤。

(4) 渗灌。渗灌是微灌系统尾部灌水器为一根特制的毛管，埋入地表下 30～40 cm，低压水通过渗水毛管管壁的毛细孔以渗流的形式湿润其周围土壤。

节水灌溉与普通灌溉方式相比，对水的利用率高，省时省力，但建设成本高。

6. 护理受旱害的柑橘树

(1) 及时供水。柑橘树受干旱后，应及时用沟灌或喷灌等方法供水。由于它的根系和叶片受到一定的损伤，补水量应逐次增加，不可突然大量供水，以免继续伤根和伤叶。

(2) 增施肥料。增加施肥可以促进柑橘恢复生机。每隔 7～10 天，叶面喷肥 1～2 次，每次喷施 0.3%尿素加 0.2%磷酸二氢钾溶液。结合抗旱，施壮果促梢肥防止秋旱，施采果肥防止冬旱。根际施肥每次每株施入腐熟的 20%人畜粪水加 200 g 尿素。追施水肥，有利于柑橘根系尽快吸收利用。

(3) 喷施植物生长调节剂。旱情解除后可使用2，4—D药剂10～15 mg/L浓度溶液，喷施树冠，防止叶片脱落。

(4) 合理修剪枝叶。对受中度旱害的橘树，应尽量保留现有枝叶，修剪宜轻；对受重度旱害的树，应适度回缩2～3年生枝，促进树冠内膛多发枝梢。

(5) 保护树体。对受旱害的柑橘树，由于枯枝、落叶较多，容易受日光灼伤，应及时在柑橘枝干伤口处，用托布津20倍液或叶枯宁20倍液进行涂抹，加以保护。涂干后再用黑色塑料薄膜包扎，以促进伤口愈合。

7. 柑橘园滴灌

柑橘园滴灌是指以低压小流量通过软管将灌溉水供应到柑橘树根区土壤，以断续滴水方式灌溉。

(1) 滴灌的优点

1) 干旱或缺淡水区，滴灌精确地按需在柑橘树主要根系活动区供水，较地表灌溉节水1/4，较喷灌省水1/3。滴灌使柑橘树根系含盐量相对降低，可用含盐量达3 g/L以上的水。

2) 在山坡地柑橘园滴灌，可利用高水池的自然高差压力来实现管道输水，成本低、省工，且土壤易保肥。

3) 可运用滴灌复合灌水和施肥，肥料利用率比传统施肥可提高40%～50%，比喷灌施肥可提高20%～30%。

据缺水地区试验证明，滴灌与不滴灌比较，柑橘增产幅度可达到20%～40%。

(2) 在柑橘园组建和布置滴灌系统

1) 滴灌系统的组成。滴灌系统一般由水源、首部控制枢纽、输水管道和滴头4部分组成。

①水源。河流、渠道、塘池或水井均可作为滴灌的水源。

②首部控制枢纽。由动力、水泵、蓄水池、化肥罐、过滤器及控制阀等组成。目前有的滴灌系统在高处建水塔或蓄水池，然后通过水泵或水渠将水送入水塔或蓄水池，再由它们向输水管道供水，形成自压滴灌系。也有直接用水泵从水源中抽水向管道加压，形成压力滴灌系统。

③输水管道。包括干管、支管、毛管及一些必要的调节设备，如阀门、流量调节器等。干管连接水泵或蓄水池，然后通过支管再由毛管将水均匀输送到滴头。有些支管本身是渗灌管，而不用毛管和滴头；有些支管是PVC管，在需要滴水的地方钻小孔，再套上一个圈，水从小孔喷出经套圈挡住后水滴落下滴灌。

④滴头。滴头水量有些是固定的，也有可调的，根据柑橘树所需的位置装在毛管上，将水滴入土壤里。可依据柑橘树的大小和株距，毛管和滴头布置可平行或环绕柑橘树；对于成年柑橘树，带多个滴头的毛管可环绕每棵柑橘树布置。采用固定式滴灌时，为减少投资也可挪动带滴头的短引管，使一根毛管灌两行柑橘树。

2）滴灌系统的管道和滴头堵塞的防止。滴灌系统很容易发生管道和滴头的堵塞。引起堵塞既有外因也有内因，外因是进入系统的水含有泥沙、落叶甚至枯枝等杂物；内因是管道里面有藻类、肥料、微生物甚至一些小动物可能寄生在管壁上或在滴孔丛聚成团引起堵塞。预防滴管系统堵塞，可采用以下几种方法：

①液体在经过滤或沉淀加过滤后才进入输水管道，这是最常用的一种方法，必须经常查看、清理沉淀和过滤设备，使它们始终保持良好的技术状态。

②适当提高输水能力减少系统堵塞。

③将滴头出水口朝上安放，定期清洗毛管，减少堵塞。

④对滴灌水进行化学处理，每天向滴灌系统灌0.001%氯溶液（即家用的漂白粉稀液）20 min，它能明显地减少管壁上的黏性沉积物，防止堵塞。

⑤测定水质，避免使用含铁、硫化氢、丹宁酸多的水作滴灌，否则容易造成堵塞。

⑥不能通过滴灌系统施用磷肥。磷会在灌溉水中与钙反应形成沉淀物质，堵塞滴头。其他化肥要完全溶于水才能进行滴灌施肥。

二、防止柑橘涝害

橘园土壤如果含水量过多，会造成烂根，叶片发黄，落花落果。在平地橘园或者由水田改建的橘园，由于地下水位高，限制了根系往土壤深层生长，形成浅根系，影响植株生长，并降低抗寒抗旱能力。

防止橘园涝害的关键在于搞好橘园的排灌系统，及时排除积水。在建园时必须规划建设好。我国多数橘园常采用明沟排水即在橘园四周开深、宽各1 m的总排水沟，按地形和水流走向略呈一定比降，园内可根据情况每隔2～4行开一条排水沟与总排水沟相通，畦沟、腰沟和围沟三沟配套，沟的深度应低于根系的主要分布层。为便于机械操作，对行间排水沟也可采用暗沟，即在地下铺设瓦管或在50 cm以下铺设卵石块、粗煤渣、炭渣等，水经卵石、炭渣等的间隙浸入深沟排出，排水效果好，但修建费用较高。

丘陵山地橘园可利用梯田的背沟排水，在背沟中每隔一定距离筑一小土埂，形成“竹节沟”，排水时可截留部分水量以便干旱时浸入土中。

1. 在易涝洼地实行深沟高畦栽培

沟内地下水位不要超过1 m。采取宽窄行适当密植，宽行行距5 m，窄行行距3 m，株距均为 2 m。在宽行开挖深沟，用于排水；在窄行开挖浅沟，用于灌水。栽植时，要将柑橘苗主根剪短，或使主根呈“N”形或“V”形栽植，或在主根下垫砖块、瓦片，将主根弯曲，抑制垂直根生长。

2. 定植过低的柑橘幼年树栽培

对定植过低的柑橘幼年树，可抬高树体，在下面填塞土壤，或重新抬树移栽，使嫁接口露出地面。

3. 柑橘树受涝害后的护理

(1) 清沟排水。清沟排水可降低地下水位，加快表土干爽。

(2) 中耕松土。积水排除后，应及时中耕松土，促进根系有氧呼吸。

(3) 扒土晾根。待土壤稍干燥后，在柑橘树盘上，扒开部分板结的土壤。这有利于深层土壤水分蒸发和氧气进入土壤中，并排除因淹水而留存在土壤中的硫化氢等有毒物质。

(4) 修剪枯枝。排除橘园积水后，应用喷雾器向树冠适量喷水，及时洗去枝、叶上的污泥和尘灰。接着剪去枯枝，短截或回缩修剪弱枝，促进抽生新梢。

(5) 保护树体。对倾倒的橘树，应及早扶正；对根系裸露的，应及早培土遮盖；对落叶后外露的枝、干，可用 1∶5 石灰水刷白，以防止发生树脂病；对枝干伤口，在涂抹 20 倍液托布津等保护剂后，用黑薄膜或稻草绳严密包扎，以免开裂染病。

(6) 追肥促根。及时在橘树滴水线下，开挖 12～15 cm 深的环状或放射形沟，及时施入经过腐熟的厩肥、堆肥和塘泥等有机肥料，同时每 15 天左右根外追肥一次，促进抽生新根。

第 2 节　整形和修剪

学习单元 1　整形修剪的概念、目的和作用

学习目标

了解柑橘树整形、修剪的概念。

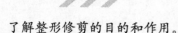

了解整形修剪的目的和作用。

知识要求

一、整形修剪的基本概念

1. 整形

整形是根据其生长特性，用修剪的办法，将树体整形成适宜其生长发育的形状，因此，整形的目的主要是通过修剪来达到的。

2. 修剪

修剪是在整形的基础上，为促进树体正常的生长、结果所采取的合理调节手段。

二、整形修剪的目的和作用

1. 促进通风透光，增加光合作用，使叶片内有机质含量足。
2. 使枝条分布合理、均匀，有效积累营养，提高结果母枝的质量。
3. 增强树势，提高抗寒、抗病虫能力，延长结果年限。
4. 协调营养生长与开花结果的关系，使产量提高和树势稳定。
5. 促进花芽分化，提高花芽分化质量，提高果实商品品质。

学习单元 2　修剪原则与要求

学习目标

熟悉因地制宜、因树修剪、轻重结合、保叶透光。
掌握立体结果的修剪原则和要求。

知识要求

一、因地制宜

根据不同地区和不同温度条件，合理确定修剪或放梢时期，上海地区春季修剪一般从3月中旬开始。根据具体情况，花前花后适当辅助修剪。

二、因树修剪

根据不同品种、不同树龄、不同树势和不同结果量，确定修剪程度和方法。

三、轻重结合

根据树体生长的整体性和局部性，对各类不同的树势和枝梢在修剪中实施合理的疏删、短截和回缩更新，杜绝轻重“一刀切”的现象。在一定条件下，用修剪方法来协调树体生长的平衡性。

四、保叶透光

柑橘是一种常绿果树，叶片是光合作用的重要器官，保护叶片很大程度上就是保护花果和产量，因此，修剪上应有效地保留有叶枝梢，合理选留良好的结果母枝，适当疏除无叶枝或不能利用的光秃枝，确保合理的叶面积和叶果比。

五、立体结果

柑橘树通过合理的修剪，使得枝条分布均匀，层次合理，上下不重叠，左右不拥挤，外围不密，内膛不空，光照条件良好，从而达到内外、上下、四面均挂果的立体要求。

学习单元3　幼树整形

学习目标

掌握柑橘拉枝、撑枝、吊枝整形技术。

知识要求

整形是应用修剪和其他辅助措施，将橘树的骨干枝和树冠整理成一定结构和形状的技术。整形的目的在于使植株骨架牢固，枝叶分布适当，能充分利用光能，有利于树势健壮，结果早而高产、优质，且便于管理。

一、整形原则

树冠由主干、中心干（主干的延伸，即中央领导枝）、主枝、骨干枝（主枝上的重要二级枝）和辅养枝（主干、主枝上暂时保留的枝）构成，各类骨干枝的配置可产生不同的效果。因此，整形时要正确处理下列各点：

1. 主干高矮

高干成形慢，树冠小，产量低；矮干则成形快，主枝易开张，有效结果面积大，结果也早。

2. 中心干有无

有中心干的树容易维持树势，寿命长，结果面积大；但中心干太强也会抑制第一层主枝的生长势和结果量，造成结果部位外移、上移。无中心干的果树主枝强，光照好，果实质量高；但产量较低。

3. 骨干枝数量

骨干枝过多，势必减少和削弱结果枝组和辅养枝，同时影响树冠各部的光照；过少则空间不能充分利用，树势也难持久。

4. 主侧枝角度

角度小，树冠小，易抱合，光照差，结果迟，且主枝易劈裂；角度近于水平，可提早结果，但树弱，骨干纤弱，负载力低，且背上枝不易控制。整形时需根据不同树性（如中心干的生长势、枝条的开张角度、芽的萌发率、成枝力、顶端优势和异质性等）、立地条件和栽培体系确定上述四方面的参数，选定树形。同时，同一植株上的树形也有一个演变过程。幼树势强，营养生长占优势，所以树的高度和枝的数量可超过预定限度；随着结果量增加，营养生长转缓，则树形也随之有所改变。

二、整形种类

1. 自然圆头形（自然半圆形）

果树的中心干不明显，主枝分布无一定规律。一般是对自然分枝生长的果树，疏除或回缩其过多的大枝而形成。

2. 自然开心形

具矮干而无中心干，直接从主干上错落选留 3 个主枝，方向分散，以 40°～50°角向外斜生。每一主枝分生 2～3 个侧枝。

三、整形方法

果树整形主要应用修剪方法，必要时辅以支撑、引缚等措施，使骨干枝按一定的方位和角度生长。整形时间主要在幼树期。成形后仍需通过每年的修剪调整，以维持良好的树形。整形应兼顾果树个体和果园群体发展的特点。无支架果树整形的发展趋势主要是由机械地强做树形向更适合于果树自然生长特性的树形发展；由多层次的复杂结构向少层次减少主枝和侧枝数目的简化树形发展；由高大树体向矮小和树冠紧凑的方向发展。

技能要求

幼树整形

操作准备：

（1）定植后第一次新梢刚萌发阶段的幼树 1 棵。

（2）拉枝绳 5 m，小木桩若干。

（3）长短支撑棒若干。

（4）枝剪 1 把。

（5）手套 1 副。

操作步骤：

步骤 1　确定需要拉枝的树枝，在其适当位置插小木桩，用绳子拉枝。

步骤 2　确定需要撑枝的树枝，在其适当位置用撑棒撑枝。

步骤 3　确定需要吊枝的树枝，在其适当位置用绳子吊枝。

步骤 4　对破坏树形的枝条进行修剪。

答题标准：

试题代码及名称		4.1 幼树整形			答题时间（min）	10
编号	评分要素	配分	分值	评分标准		实际得分
1	拉枝、撑枝	13	8	用塑料带或麻绳缚在小桩上将枝拉开并定位适当；主枝均偏于树冠一边的，则把它拉开使之分布均匀，否则扣 8 分		
			5	在两枝条中间撑一支小棒使角度变大并固定牢固，否则扣 5 分		
2	吊枝	3	3	将分枝角度大的，用塑料带或麻皮线吊起，使分枝角度与主干延长成 45°角，否则扣 3 分		
3	剪枝	4	4	剪除不定位的徒长枝和干扰树冠的树枝，否则扣 4 分		
合计配分		20				

学习单元 4　不同枝条类型的修剪

学习目标

掌握营养枝的修剪技术。

掌握结果枝的修剪技术。

掌握结果母枝的修剪技术。

知识要求

一、营养枝的修剪

当年抽生的新梢，无开花结果的，称为营养枝。根据树龄或结果量的不同，营养枝的抽发数量也有差异，成年树上尤其是丰产树抽生一部分春梢或秋梢，应尽量保留，主要为下年结果用；而生长结果树上抽生的大量春梢或夏梢，应视树体实际状况而决定，如需要树体结果，则采取控梢措施，如需要扩展树冠，则进行合理的疏删、短截回缩，培养良好的树体结构，及早形成丰产架子。

二、结果枝的修剪

结果枝指春梢有叶结果枝及无叶结果枝两种类型，修剪主要对上年的结果枝进行处理。有叶结果枝只剪去顶端部分，刺激芽口，从而能抽发健壮新梢，但如果枝梢过多，则进行合理疏除；无叶结果枝的修剪与结果母枝同时进行，即对上年结果母枝的修剪，一般采取疏删或短截的方式，重新培育良好结果环境。

三、结果母枝的修剪

一般对下垂衰老结果母枝，从基部剪除；对部分较粗壮，位置较适宜，有一定空间的，需尽量短截，使之恢复生长，填补空间，使树体丰满。

学习单元 5　不同树势的修剪

学习目标

掌握大年树的修剪技术。

掌握小年树的修剪技术。

知识要求

一、大、小年（结果）现象

柑橘产量，一年高，一年低，结果多与结果少的年份相间出现，便是大、小年结果现象。

二、柑橘结果会出现大年和小年的原因

柑橘结果出现大年和小年的根本原因是树体的营养生长和生殖生长失去平衡。柑橘大年，即结果多的一年，因结果过多而消耗了大量养分，使树体不易抽发新梢。这样，翌年便很少甚至没有结果母枝，由于结果枝抽生少，结果也少，成了小年。小年由于结果少，消耗的养分少，而大量养分用于抽发新梢，且抽发的新梢又多又好，次年便有了大量的结果母枝，成了大年，即高产的年份。如此循环往复，就形成了大小年结果现象。

三、克服大小年结果的方法

要克服大小年结果，最有效的方法是保持树体营养生长与生殖生长平衡。大年花果多，可进行适当的疏花、疏果，不使树体营养消耗过多而影响营养生长，同时加强肥水管理，进行夏季修剪和根外追肥，促发秋梢；采果后重施肥，以利恢复树势，促进花芽分化。小年由于花量少，梢生长旺盛，要注意保花、保果；采后肥适量少施，冬季修剪时短截部分长梢，以减少第二年的花量。那么，怎样进行大小年修剪呢？

1. 大年树的修剪

大年树当年结果母枝数量多，开花结果量也多，树体负荷量大。当年生长和结果，树体要消耗大量的营养，结合疏花疏果，在春季修剪上，首先适当注重精细修剪，为正常的

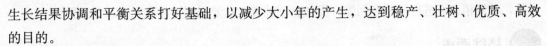

生长结果协调和平衡关系打好基础，以减少大小年的产生，达到稳产、壮树、优质、高效的目的。

2. 小年树的修剪

小年树上年结果过多，当年结果母枝少，营养枝抽发数量多，容易引发大量落花落果，产量明显下降。对中等花量的小年树，除在春剪时，剪去一部分密度过高，疏删一些密生枝和衰老枝外，对具有一定叶片或估计有结果能力的枝条，则相应保留，并在谢花期开始，采取多种形式，进行保果。

春季修剪应尽量轻剪减少刀口，也可采用大枝修剪法，平衡树势，通过合理的春剪和谢花期保果措施，达到小年稳产的目的。

学习单元6　不同时期的修剪

学习目标

掌握春季修剪技术。

掌握夏季修剪技术。

知识要求

一、春季修剪

春季修剪是柑橘树培管中一个重要项目，也是柑橘树体春季管理中的一个重要环节。春季修剪是一次技术性较强的工作，既要确保树形的合理扩展，又要取得最佳的产量，在合理整形的同时，对树体内膛一部分细弱密生枝、病虫枝、衰老枝、下垂枝、交叉枝、重叠枝、上部阳伞枝等进行合理的疏删、短截、回缩，确保树体通风透光达到正常生长和结果。

二、夏季修剪

夏季修剪其方法较简单，主要是处理当年落花落果枝，控制营养枝生长，使生长与结果处于平衡。因此，对成年树（结果树）的夏季修剪，主要剪除一部分落花落果枝，或结合疏果剪去一部分无效果枝。一般状况下，对上年枝条或大枝不做处理，以防止树体生长失调。

另外，对夏梢也可进行短截和回缩，促使秋梢抽发。这要根据树势状况，灵活掌握。

技能要求

柑橘修剪

操作准备：

（1）成龄橘树 1 棵。

（2）枝剪 1 把。

（3）手套 1 副。

（4）手锯 1 把。

操作步骤：

一看二剪三清理。

答题标准：

试题代码及名称		4.2 橘树修剪		答题时间（min） 10
编号	评分要素	配分	评分标准	实际得分
1	剪除萌发蘖枝	3	蘖枝修剪干净，不留桩，否则扣 3 分	
2	剪去内膛枝、病虫枝、枯枝、交叉枝	8	视树势修剪内膛枝、病虫枝、枯枝、交叉枝，否则扣 8 分	
3	结果枝回剪	5	结果枝回剪到位，剪至非结果的新枝处，否则扣 5 分	
4	剪去非结果枝和缩剪部分枝	4	短截、回缩符合树势，否则扣 4 分	
合计配分		20		

学习单元 7　抹芽控梢

学习目标

了解柑橘抹芽控梢的对象。

了解抹芽控梢原则。

熟悉柑橘放梢时期。

知识要求

一、抹芽控梢的对象

柑橘枝梢按抽生时间可分为春梢、夏梢、秋梢、冬梢。因春梢较整齐，一般可以不用控芽，所以抹芽控梢的主要对象为夏梢和秋梢。抹芽控梢总的内容为：促进春梢，控制夏梢，培养秋梢，抑制冬梢。

二、抹芽控梢原则

抹芽控梢原则为“去零留整，去早留齐，去少留多，留均匀”，达到齐、壮、多、匀的目的，为连年丰产稳产打下良好的基础。

三、放梢时期

1～2 年生柑橘树，每年放梢 3～4 次。第一次：立春前后；第二次：小满前后；第三次：立秋前后；第四次：霜降前后。3～5 年生的结果树，若树势壮旺，肥水充足，可留春、夏、秋三次梢；若当年结果多，树势弱，肥水差，只留春、秋两次梢为宜。6 年生以上结果树，一般只放春、秋两次梢。春梢整齐，不用控芽；夏梢于芒种至夏至间放梢，放梢前夏芽抹去，等到幼果直径 2.6 cm 以上时，才能放梢，过早放梢易引起落果；秋梢于立秋至处暑间放梢，具体放梢时间应根据树势强弱、结果多少、肥力、天气等情况适当调整，如山地早放，水田稍迟放；弱树、结果多树早放，肥水差的树早放，壮树、结果少的树应迟放等。

四、具体做法

嫩梢应在 2～3 cm 前抹除，最多不超过 5 cm。每隔 3～4 天抹一次，共抹 4～5 次，坚持 15～20 天。当全园 80%的树且全树 80%的枝梢都有 3～4 条新梢萌发时，即停止抹芽，让其自由抽出，即放梢。

五、肥水管理

要做到“一芽三肥”。攻芽肥要早，放梢前 20～30 天施下。促梢肥要快，放梢前 10 天施下。壮梢肥要准，20 天内要使梢放得又多又壮。放梢时，土壤含水量要多，达 70%为好，注意灌溉，阴雨天放梢更好。

第 3 节　柑橘花果管理

学习单元 1　保花保果保叶

学习目标

了解柑橘保花保果保叶的目的和作用。

能够学会保花保果保叶的方法。

知识要求

一、保花保果

1. 保花保果目的和作用

保花保果的目的是保护产量不受损失，而产量的基础来自叶片的作用，叶片生长正常，养分含量多，花芽分化就好，结果率也正常。相反，叶片脱落，果实生长失去养分供给，果实就易脱落，叶片生长状况与坐果率的高低相互关联。除此以外，培养理想的营养枝，也对培育良好的结果枝梢有一个基础作用。

2. 保花保果的方法

在实施保花保果具体方法上，生产上常采取以下几种方式：

（1）控梢。对生长结果树，在夏季控制夏梢抽发，减少养分竞争，使开花、结果有一个良好的环境。控梢通常指对 4～6 年的生长结果旺树所采取的一种保果手段，能达到理想的保果目的。

控梢是直接对夏梢，甚至部分春梢进行摘心或抹除，其目的是抑制营养生长，减少养分竞争。对生长结果树的夏梢控制一般要进行 2～3 次，持续到定果（7 月上旬)。

（2）环割、环剥。环割是对生长结果树为达到坐果的目的而采取的一种枝条手术。当谢花 2/3 时，对树体内膛直立强枝（具中等花量），在基部进行环割，临时隔绝养分向上输送，抑制夏梢抽发，使幼果在平稳的环境中生长，从而提高坐果率，此方法为环割。

环剥，环剥宽度为 1.5 mm，将皮层完全离层，然而其能在大暑期间充分愈合，既能使坐果率提高，还能及时恢复树势，养分能继续输送。

(3) 喷保果素。柑橘树上常利用谢花期喷布赤霉素，进行保果。方法是选用九二〇粉剂 2.5～3 g，兑水 50 kg 进行喷雾，每隔一星期连续喷 2～3 次，有明显的保果作用。此方法在椪柑树上使用效果尤为明显，但浓度过浓，喷雾量过足，往往引起果皮粗糙，降低品质。

(4) 套袋。套袋是保果的又一重要手段。柑橘套袋栽培，是使柑橘达到无公害果品要求的一项重要技术。柑橘果实套袋后，一是可防止风疤、灼日、网纹、药斑、机械损伤等，提高果面光洁度，提高果实外观品质；二是可以有效防止溃疡病、煤烟病、疮痂病、介壳虫、锈壁虱等病虫害对果面的侵害与污染，有效减少吸果夜蛾、椿象等害虫危害以及脐黄、裂果等造成的异常落果；三是套袋能减少用药次数，减少果实与农药直接接触，有效降低农药残留；另外，通过套袋能促进果面着色均匀，使果面光洁鲜艳，明显改善外观。套袋完熟栽培还能明显提高果实的可溶性固形物和总糖含量，避免农药、粉尘和有害气体对果实的直接危害，是生产无公害柑橘、有机柑橘的有效手段。

套袋时应注意如下几个关键问题：

1）选择合适的柑橘品种套袋，根据不同品种选择不同的果袋。早熟温州蜜柑、脐橙、胡柚、夏橙、沙田柚、琯溪蜜柚、柠檬等适合套袋，其中温州蜜柑、脐橙、柠檬套袋效果最好，而椪柑等不适合套袋。果袋按层次分为单层袋、双层袋、三层袋、塑膜袋等，套袋需要着色的品种最好选用双层袋，不需要着色的品种或黄色品种可选用单层袋，最好不用塑膜袋。根据品种和套袋作用的不同使用不同型号的专用果袋，如脐橙果实套袋以单层白色半透光专用纸袋效果最好，胡柚采用内层黑色双层袋效果最好。

2）套袋前橘园的管理。套袋前应进行疏果，根据不同的树势、树体情况确定合理的载果量，不能盲目地多留果实或少留果实，造成果园大小年。应疏除小果、特大果、畸形果、病虫果、过密果等，使套袋果实分布均匀，大小基本一致。套袋前应全园喷一次杀虫、杀菌剂混合液，防治柑橘溃疡病、炭疽病、黑星病、红蜘蛛、锈壁虱、介壳虫等病虫害，要尽量避免喷药对果实产生药害。套袋应在喷药后 3 天内完成，如喷药后未及时套袋遇到下雨要补喷一次，最好上午喷药，下午套袋。

3）套袋时间。套袋宜从柑橘第二次生理落果结束后开始。时间过早，因坐果未稳，增加成本，同时也损伤幼嫩果皮；时间过迟，有的果面已形成伤害，起不到保护作用。套袋应选择晴天，待果实、叶片上的露水完全干后进行。

4）采用正确的套袋方法。套袋时应先把果袋完全撑开，观察通气孔是否完全打开，然后把果实套入袋内，袋口置于果梗着生部上端，将袋口折叠收缩紧，用封口铁丝缠牢，以避免昆虫、病菌、农药及雨水从果袋缝隙处进入。注意不能让果实紧贴果袋内侧，不能把树叶套进袋内，要严格遵循一果一袋。每棵树按先上后下、先里后外顺序进行，以方便操作。

5）套袋后的管理。套袋后橘园的管理与未套袋橘园基本一致，首先要做好橘园的排水工作，尽量保持土壤干燥。要合理施肥，在果实迅速生长前期增施磷钾肥，喷施0.3%的尿素加0.2%的磷酸二氢钾液肥，或浇施稀薄的有机液肥，适时喷施微量元素肥，以促进果实着色，提高套袋果实的内、外品质。注意不可过多施用氮肥，否则会降低果实品质。套袋后要随时检查果实的病虫发生情况，可酌情减少喷药1～2次；但若发现病虫危害严重，则应及时解袋喷药，再套袋。

（5）防止柑橘树花期阴雨引起的落花、落果。我国各柑橘产区，每年柑橘开花季节，常常遇上阴雨连绵的梅雨天气，气温偏低，致使花器发育不充分，昆虫活动受到限制，授粉、受精不良，人工保花、保果措施也难以实施。同时，阴雨也使一些花瓣粘贴在花柱、子房上不易脱落，引起发霉、腐烂，导致幼果脱落。此外，柑橘开花、抽梢消耗树体大量养分，而长期阴雨又使光照不足，叶片光合作用效率降低，合成的碳水化合物减少，从而使树体养分不足，不能满足幼果生长发育的需要，同时新叶生长与幼果产生养分竞争，加大生理落果。连绵不断的梅雨还会造成肥料流失和土壤积水，使根系正常呼吸、生物合成和运输等生理活动受阻；土壤通透性差，氧气含量低，引起根系霉烂，导致幼果大量脱落。因此，花期长期阴雨，柑橘坐果率低。

为了防止花期阴雨天气对坐果的不良影响，减少落花、落果，应采取下述管理措施：

1）及时排除积水，降低地下水位。

2）花期摇花，促使花瓣脱落。

3）采取疏枝、拉枝等措施，增加树冠光照，提高光合效率。

4）遇短时晴好天气，及时进行根外追肥，补充树体养分，同时喷施生长调节剂保花、保果。

5）及时防治病虫害。

二、柑橘保叶

柑橘叶片是进行光合作用制造碳水化合物、吸收和储藏有机养分，进行呼吸、蒸腾作用的重要器官，是果实生长的重要物质基础。如果没有叶片，柑橘就不能生长、开花和结果。据研究，柑橘每生长一个果实需要有25～60张叶片为它制造养分。因此，只有最大限度地保护叶片，使植株有足够数量的健康绿叶和适当的叶果比，才能获得连年丰产、优质的果实。

正常情况下，柑橘叶片生长17～24个月，便开始衰老、脱落、更新，并且在脱落前，叶片中储藏的有机养分及氮素大部分能回流到基枝中。如果叶片因虫害、冻害、寒害或栽培管理措施不当，叶片发生不正常脱落，叶片中的养分基本上不回流，造成养分大量损失。因此，防止柑橘叶片提早脱落，在生产上有着极其重要的意义。冬季由于气温较低，常有冻害、寒害的可能；冬季雨水少，气候比较干燥，常有大风害；冬季红蜘蛛等病虫危害严重；肥水管理不当，树体氮素严重不足；采果后，树体养分消耗大，得不到及时补充等，都会导致冬季的严重落叶，从而影响花芽的正常分化和分化后的春梢、叶花的生长发育，影响翌年产量。因此，冬季保叶更为重要。冬季防止柑橘落叶可采取下列措施：

1. 进行防寒覆盖，确保叶片安全越冬。

2. 适时灌水，防止秋冬干旱。

3. 施足采果肥。冬季寒冷地区，宜早施采果肥，在地温尚高时使树体吸收储足氮、磷、钾营养，尽快恢复树势。

4. 及时防治红蜘蛛等病虫害，并在秋季及早防治潜叶蛾，搞好冬季的清园消毒工作。

5. 冬季树冠喷施10～15 mg/L2，4－D溶液。叶面追肥，可结合防治病虫害进行。

6. 营造防风林带，防止风害。

技能要求

柑橘枝条环割、环剥处理

操作准备：

(1) 成年橘树1棵。

(2) 手套1副。

(3) 消毒水1瓶。

(4) 常用型枝剪或刀具1把。

操作步骤：

步骤1　确定需要环割、环剥处理枝条。

步骤2　用相关工具对柑橘枝条进行环割或环剥处理。

答题标准：

试题代码及名称		4.3 柑橘枝条环割、环剥处理		答题时间（min）	10
编号	评分要素	配分	分值	评分标准	实际得分
1	枝剪使用	3	1	枝剪正确使用者满分，否则扣 1 分	
			2	枝剪动作与姿势标准得满分，否则扣 2 分	
2	环割、环剥方法	12	7	选择环割或环剥部位正确者满分，否则扣 7 分	
			5	环割或环剥保持角度 60°者得满分，否则扣 5 分	
3	涂抹药剂	5	2	消毒杀菌剂浓度配比正确者满分，否则扣 2 分	
			2	消毒杀菌剂涂药位置选择正确者满分，否则扣 2 分	
			1	消毒杀菌剂涂药操作规范者满分，否则扣 1 分	
合计配分		20			

学习单元 2 疏花疏果

学习目标

了解疏花疏果的目的、作用。

能够学会疏花疏果的方法。

知识要求

一、疏花疏果的目的、作用

疏花疏果与保花保果具有明显区别，疏花疏果是对过多的花果数量采取不同程度的修剪方式，协调树体生长与结果的矛盾。疏花疏果和保花保果二者相互联系，相互促进，相互制约，具有一个共同的目的，即平衡树势，促进稳产，提高品质，增强树体抗逆性，有利于安全越冬和延长生命力。

柑橘树花量大，开花往往要消耗大量的树体养分，通过疏花，将过多的花疏除，可以节省树体养分，提高坐果率，提高产量；通过疏果，将过多的果疏除，则有利于提高果实品质等级，减少大小年结果现象。

二、疏花疏果的方法

疏花疏果主要是针对大年结果树而言，通常通过冬剪和春季修剪，增加营养枝，减少结果枝，控制花量。可在春季芽萌动前适当短截部分结果母枝，使其抽生营养枝，减少结果枝，从而减少花量。但值得指出的是：修剪结果母枝不可能完全控制花量，还需要在花期和第二次生理落果后，进行疏花与疏果。

疏花包括疏花穗（花序）和疏花蕾。疏花一般是“去零留整，疏弱留壮，去头去尾留中间”，且结合适当的修剪春梢。其方法如下：

1. 疏花穗

大部分花穗中花蕾有火柴头大时即可进行，每条结果母枝上疏去头部和尾部的花穗，仅留中间的健壮花穗。

2. 疏花蕾

在花蕾露白时进行，疏去每个花穗头部和尾部的花蕾，仅留中间少数健壮花蕾。对于成年温州蜜柑树来说，疏花主要疏除树冠内膛的无叶花序和弱花。

疏果主要在柑橘第二次生理落果结束后，即稳果后进行。疏果对于确保大年结果树丰产优质至关重要。除了对畸形果、病虫果、机械损伤果、小果、果梗粗大的果等要尽早疏除外，还应在第二次生理落果结束后，疏掉部分生长正常的过密小果，保留生长正常的大果。还应注意留光照条件好的果实，而对光照条件差的果实，即使果型较大、生长正常也应疏除。在柑橘枝上的同一个节位上有多个果实的，通常是“三疏一，五疏二或五疏三”，在第二次生理落果结束后，即可依据叶果比来确定植株的留果量，疏除多余的果实。对裂果落果较重的品种及有其他生理病害的品种，如脐橙的脐黄，应参照历年病虫害发生的情况，适当加大留果量。一般在 7 月份稳果后疏除应疏果的 70%～80%，待 9 月份根据中期生理落果的情况再疏果一次。留果的部位，一般上部果实大，酸含量低；中、下部果实小，酸含量高。可根据鲜销早晚、加工和储藏等不同目的选留。值得注意的是，幼年结果树宜留中、下部果，不宜留主枝、副主枝的顶端果，以免影响树冠扩大。

疏花疏果应结合春季修剪，根据树体生长状况和结果母枝的数量、质量，在春季修剪时掌握合理的修剪程度，如结果母枝太多，可疏去一部分过多的无效枝，保留合理的数量，用于结果。根据强树弱枝结果，弱树强枝结果的基本原理，合理掌握，合理调节其修剪程度。

疏果主要疏去一部分特小果、大胖橘果、畸形果、病虫果及风斑果，使果实数量合理控制，从而达到提高商品优质果的目的。

第4节　品种改良

学习目标

了解高接换种的选材。

掌握高接换种方法。

掌握更换树体的方法。

熟悉更换树体的注意事项。

知识要求

品种改良，是在一定的生产环境中，为获得更好的效益，对生长树实行品种的调整或改良措施，其方法有以下两种。

一、高接换种

柑橘生产上，常因长途引苗，造成劣质苗木的混杂，导致不能正常地开花、结果，降低产量和品质。为解决这一问题，生产上采取高接换种来改良品种结构，选择早熟抗逆性强、丰产性好的优良接穗，作为高接换种的材料，在短期内改良新品种，淘汰劣质品种。方法是在早春3月下旬至4月初，选择需要改接的3～6年生树体，进行主枝短截或回缩，用优良接穗芽体，以切接方式进行春季枝接。

方法上不以露芽或半露芽式，待春芽抽发气温回暖较正常时，分两次进行逐步掀膜，并及时进行梳理新梢，适时摘心，促进枝梢抽发，树冠重新形成，使之培养形成良好的结果枝组，并进行正常的施肥和病虫害防治。次年开始，逐步挂果，获得优良新品种产品。

二、树体更换

当树龄过大，主枝超过高接要求标准，不能进行高接时，应及时调换树体，重新移植优良新品种。优良品种的发展，从幼树开始培育。

品种改良，首先要注意定植点的划定。根据柑橘树多年生的生长特点，在规划上必须有一个长远的设想，特别是对永久性树体的合理确定，防止以后带来不必要的损失。

第5节　柑橘安全越冬栽培技术要素

学习目标

了解柑橘安全越冬的栽培技术要素。

掌握柑橘冻害与防冻技术。

知识要求

一、柑橘安全越冬的栽培技术要素

1. 土壤环境

柑橘根系喜欢生长在疏松的土壤中，这种土壤有利于其正常生长吸收；而土壤黏性强，通气性差，根系生长受阻，树体就衰弱，安全越冬能力也弱，尤其是栽植在黏性土中的柑橘树。因此，在园地选择时，必须充分考虑这一点，这是确保柑橘正常生长发育、安全越冬的一个重要因素。

2. 施肥不当

柑橘是一种喜肥果树，但氮肥过多，尤其是化学氮肥过多，蛋白质合成旺盛，也会导致枝梢徒长，组织不充实，抗旱抗寒能力降低，花芽分化不正常，当然结果也较差。会使得果皮变厚，厚皮果、大胖橘多，成熟推迟，导致枝叶返嫩，树液浓度降低，易受冻。

3. 柑橘放梢过迟

上海地区处于柑橘生产的北缘地区，秋梢放梢时间不宜过迟，应确保在低温来临之前，秋梢已经老熟，才能提高越冬的安全性。放梢过迟，有效积温不足，生长不充实，潜叶蛾易危害，也是导致冻害的重要原因之一，但是放梢也须视树体生长状况而定，例如根据树势强弱、树龄大小、结果量多少以及土壤状况等合理掌握。栽培水平高，有机肥料投入量足、树势旺盛的土壤，放梢可适当推迟，但最迟不超过8月上中旬。

4. 结果量过多

温州蜜柑成年树进入盛产期后，在正常的管理水平下，坐果率很高，亩产量能达到2 500～3 000 kg，生产上往往忽视疏果，因而使结果量过多，树体营养消耗过量，容易产生大小年，或遭受冻害减弱柑橘越冬的安全性。

5. 病虫防治

螨类、蚧类、天牛类以及树脂病等主要病虫害是直接导致树体生长衰弱的重要因素，在整个防病治虫过程中必须引起高度重视，确保树势健壮，增强安全越冬能力。

二、柑橘冻害与防冻技术

柑橘果实全部采摘以后便会迎来冬春寒冷季节。柑橘是一种亚热带果树，适宜在温暖环境下生长，低温或异常高温均不利于柑橘树的正常生长、发育。这里主要讲冻害与防冻。

1. 冻害原因

（1）树势

1）枝叶嫩弱。幼年树因长期施用化学氮肥，营养生长嫩旺，叶片内有机质浓度低，低温降临易使枝叶受到冻害。

2）树体衰老。成年树由于土壤质地差，结果量过多，栽培水平低而使树体衰弱，抗寒率降低，导致冻害。

（2）低温

1）低温强度。当低温超过温州蜜柑的耐低温临界线，就会使叶内汁液结冰，使得叶片卷曲，严重时干枯死亡。

2）低温的持续时间。如低温时间长，超过三天，叶片的抗寒力，以及忍耐界限突破，就产生冻害。低温时间短，即遇晴天，气温上升，冻害程度就轻。

3）低温伴寒风。低温时出现寒风，将加剧温度的下降，会使叶片内水分蒸发剧烈，很快会导致叶片失水卷曲。

（3）栽培因素

1）土壤质地。黏性土壤由于通气性差，根系生长不良，须根少，吸收功能差，树体得不到足够的营养而生长不良，导致抗寒性降低。

2）施肥不当。在秋季施用过多的化学氮肥，有机肥施入少，或施肥的时期、数量没有正确掌握就会产生树体不良反应，突出表现是嫩弱、叶片薄。

3）放梢过迟。秋梢抽发过迟，有效积温少，发育不充实，易产生树体养分缺乏，从而也降低了抗寒能力，低温下易遭冻害。

4）插种不当。秋季插种菜类作物，化学氮肥多施，导致秋梢叶片返嫩，将容易引起冻害，养分缺失，从而降低了抗寒能力，低温下使叶片内水分结冰。

2. 防冻技术

（1）加强农业避冻栽培措施

1）选择优良抗寒品种。以温州蜜柑作为长江流域的发展品种，其优点是抗寒、抗溃疡病能力强。

2）选择优质土壤。选择以通气良好的沙壤土作为柑橘种植的园地，这是发展柑橘产业的重要环境基础。而黏性土壤及地下水位过高、过低均不利于柑橘生长发育。

3）合理施肥。在柑橘生长、发育过程中，合理使用肥料，增施有机肥，重施基肥，合理配方施肥，促进树体生长健壮，增强抗寒能力。

4）合理修剪和适时放梢。培育良好的树体结构，达到树体自然开张，枝条分布均匀，合理光照条件使枝条生长充实，叶片有机质浓度高。

5）加强病虫害防治。加强对螨类、蚧类、天牛类以及树脂病等主要病虫害的防治，保护叶片，增强树势，确保树势健壮，增强安全越冬能力。

（2）冬前防冻措施

1）深施基肥。橘子采后及时深施基肥，以有机肥为主，起到熟化土层的作用，既能为次年生长、结果提供养料，又能提高土温，增强越冬能力。因此，施足基肥是柑橘生产上一个重要的栽培措施，必须重视。基肥一般采用有机肥，方法上以放射形、对角形交替进行。

2）培土覆盖。幼龄树根系生长较浅，当低温降临，地表温低于 12℃时，根系就不能吸收，随着低温的出现，会使嫩叶失水而卷曲。通过树盘覆盖培土，能提高土温，帮助根系吸收水分、养分，维持生命力，保护植株不受冻害，黏性土壤尤为重要。

3）灌水。在低温来临之前，对长期干旱，土壤严重缺水，使植株生长不良的黏性土壤，及时进行灌水，能凝结土壤使外界冷空气不被侵入，从而提高土层温度，有效地提高抗冻能力。

4）涂白

①果树在冬季，由于气温的冷热骤变，树干和大枝的向阳面白天受太阳直射，温度上升，树体细胞呈活跃状态，而夜间温度又急剧下降，使树皮组织来不及适应而受冻，发生所谓日灼。果树涂白以后，利用白天反射日光，使日光直射的热量可折回去一部分，树体温度不会上升很快，温度变化稳定，不会有冻冻化化的情况，可减少或避免日灼；同时，树干涂白可消灭多种在树干翘皮、裂皮内越冬的害虫。

②涂白剂配制的比例：水 10 份、生石灰 3 份、食盐 0.5 份、硫黄粉 0.5 份。

③涂白剂调制方法

a. 先用 40～50℃的热水将硫黄粉与食盐分别泡溶化，并在硫黄粉液里加入洗衣粉。

b. 将生石灰慢慢放入 80～90℃的开水中慢慢搅动，充分溶化。

c. 石灰乳和硫黄加水充分混合。

d. 加入盐和油脂充分搅匀即成。

④食盐起潮解作用，可防涂后干裂剥落；硫黄粉可兼杀病菌及越冬虫卵。涂白液要干稀适中，以涂刷时不流失为宜。

⑤每年进行两次涂白效果较好，第一次在落叶后至土壤结冻前，第二次在早春。涂白的部位以主干和主枝基部为主。涂白时要涂抹均匀周到，切记不可涂成阴阳脸。

⑥使用注意事项

a. 果树涂白剂要随配随用，不得久放。

b. 使用时要将涂白剂充分搅拌，以利刷匀，并使涂白剂紧粘在树干上。

c. 在使用涂白剂前，最好先将林园的树木用枝剪剪除病枝、弱枝、老化枝及过密枝，然后收集起来予以烧毁，并且把折裂、冻裂处用塑料薄膜包扎好。

d. 在仔细检查过程中如果发现枝干上已有害虫蛀入，要用棉花浸药把害虫杀死后再进行涂白处理。

e. 涂刷时用毛刷或草把蘸取涂白剂，选晴天将主枝基部及主干均匀涂白，涂白高度主要在离地 1～1.5 m 为宜。如老树露骨更新后，为防止日晒，则涂白位置应相应升高，或全株涂白。

测试题

一、单项选择题（选择一个正确的答案，将相应的字母填入题内的括号中）

1. 柑橘苗木根部（　），对根部供应水分，提高根系活动能力，有利于苗体生命活动功能的提高和增强，促进苗木的成活率。

(A) 施肥　　(B) 浇水　　(C) 抗旱　　(D) 覆盖

2. 柑橘苗木(　)浇水，对根部供应水分，提高根系活动能力，有利于苗体生命活动功能的提高和增强，促进苗木的成活率。

(A) 根部　　(B) 树体　　(C) 叶片　　(D) 枝条

3. 柑橘苗木根部浇水，对根部供应水分，提高(　)活动能力，有利于苗体生命活动功能的提高和增强，促进苗木的成活率。

(A) 树干　　(B) 叶片　　(C) 根系　　(D) 树体

4. 柑橘苗木根部浇水，对根部供应水分，提高根系活动能力，有利于苗体(　)活动功能的提高和增强，促进苗木的成活率。

(A) 树体　　(B) 枝叶　　(C) 花芽　　(D) 生命

5. 柑橘树树盘覆盖是用泥土或地膜等相关覆盖物，将（　）覆盖，达到保温、保湿和减少温差的作用。

(A) 根际 (B) 根部 (C) 树冠 (D) 外围

6. 柑橘树盘覆盖是用泥土或地膜等相关覆盖物，将根部覆盖，达到(　　)、保湿和减少温差的作用。

(A) 保温 (B) 保暖 (C) 保果 (D) 保花

7. 柑橘树盘覆盖是用泥土或地膜等相关覆盖物，将根部覆盖，达到保温、(　　)和减少温差的作用。

(A) 保暖 (B) 保花 (C) 保果 (D) 保湿

8. 柑橘树盘覆盖是用泥土或地膜等相关覆盖物，将根部覆盖，达到保温、保湿和减少(　　)的作用。

(A) 霜冻 (B) 肥水流失 (C) 温差 (D) 落果

9. 树体(　　)主要使用相关材料将树体固住，防止大风吹倒，影响树体的成活。

(A) 支撑 (B) 绑扎 (C) 矮化 (D) 攀拉

10. 树体绑扎主要使用相关材料将(　　)固住，防止大风吹倒，影响树体的成活。

(A) 树体 (B) 树枝 (C) 树干 (D) 侧枝

11. 树体绑扎主要使用相关材料将树体固住，防止(　　)吹倒，影响树体的成活。

(A) 台风 (B) 大风 (C) 飓风 (D) 风力

12. 树体绑扎主要使用相关材料将树体固住，防止大风吹倒，影响树体的(　　)。

(A) 生长 (B) 形态 (C) 成活 (D) 枝叶

13. 疏梢是将固定的嫩梢进行合理的(　　)。摘心是将嫩根的一部分进行短截，促使嫩根生长充实。

(A) 疏删 (B) 回缩 (C) 修剪 (D) 整形

14. 疏梢是将固定的嫩梢进行合理的疏删。(　　)是将嫩根的一部分进行短截，促使嫩根生长充实。

(A) 抹芽 (B) 整形 (C) 摘心 (D) 修剪

15. 疏梢是将固定的嫩梢进行合理的疏删。摘心是将嫩根的一部分进行(　　)，促使嫩根生长充实。

(A) 抹除 (B) 疏删 (C) 回缩 (D) 短截

16. 疏梢是将固定的嫩梢进行合理的疏删。摘心是将嫩根的一部分进行短截，促使嫩根生长(　　)。

(A) 旺盛 (B) 充实 (C) 中庸 (D) 老熟

17. 适时施肥主要是根据不同品种、不同(　　)、不同结果量和不同生育期的橘树，对树体确定合理施肥时期，使树体正常生长发育。

(A) 树势　(B) 树龄　(C) 长势　(D) 品系

18. 适时施肥主要是根据不同品种、不同树龄、不同(　　)和不同生育期的橘树，对树体确定合理施肥时期，使树体正常生长发育。

(A) 结果量　(B) 生长势　(C) 花量　(D) 枝梢抽发量

19. 适时施肥主要是根据不同品种、不同树龄、不同结果量和不同(　　)的橘树，对树体确定合理施肥时期，使树体正常生长发育。

(A) 物候期　(B) 花量　(C) 生长期　(D) 生育期

20. 适时施肥主要是根据不同品种、不同树龄、不同结果量和不同生育期的橘树，对树体确定合理施肥时期，使树体(　　)生长发育。

(A) 良好　(B) 弱势　(C) 正常　(D) 旺盛

21. 柑橘园(　　)就是以机械或半机械的方式，改变土壤理化性状，达到提高土壤活力和通透性。

(A) 除草　(B) 中耕　(C) 深翻　(D) 浅耕

22. 柑橘园中耕就是以机械或半机械的方式，改变土壤理化(　　)，达到提高土壤活力和通透性。

(A) 性状　(B) 板结　(C) 杂草　(D) 病虫

23. 柑橘园中耕就是以机械或半机械的方式，改变土壤理化性状，达到提高土壤(　　)和通透性。

(A) 温度　(B) 湿度　(C) 活力　(D) 肥力

24. 柑橘园中耕就是以机械或半机械的方式，改变土壤理化性状，达到提高土壤活力和(　　)。

(A) 熟化　(B) 肥力　(C) 耐寒力　(D) 通透性

25. 橘园深施有机肥指在橘子采收以后，选择优质人、畜、禽肥或绿肥，采取挖穴(　　)的方式，使土壤松化、肥沃，在次年能持续为根系提供养料。

(A) 浅施　(B) 撒施　(C) 深施　(D) 机施

26. 橘园深施有机肥指在橘子(　　)以后，选择优质人、畜、禽肥或绿肥，采取挖穴深施的方式，使土壤松化、肥沃，在次年能持续为根系提供养料。

(A) 成熟　(B) 开花　(C) 结果　(D) 采收

27. 橘园深施有机肥指在橘子采收以后，选择优质人、畜、禽肥或绿肥，采取挖穴深施的方式，使土壤松化、肥沃，在(　　)能持续为根系提供养料。

(A) 次年　(B) 花期　(C) 生长期　(D) 结果期

28. 橘园深施有机肥指在橘子采收以后，选择优质人、畜、禽肥或绿肥，采取挖穴深施的方式，使土壤松化、肥沃，在次年能持续为(　　)提供养料。

(A) 土壤　　(B) 根系　　(C) 花芽分化　　(D) 抽发枝梢

29. 橘园插种通常是对(　　)橘园在不影响树体生长发育的前提下，插种一些矮秆作物，以增加林下经济收益，如插种豆科作物，还能为根部提供养分。

(A) 幼龄　　(B) 稀植　　(C) 密植　　(D) 盛产

30. 橘园插种通常是对幼龄橘园在不影响(　　)生长发育的前提下，插种一些矮秆作物，以增加林下经济收益，如插种豆科作物，还能为根部提供养分。

(A) 结果　　(B) 开花　　(C) 树体　　(D) 枝条

31. 橘园插种通常是对幼龄橘园在不影响树体生长发育的前提下，插种一些(　　)作物，以增加林下经济收益，如插种豆科作物，还能为根部提供养分。

(A) 高秆　　(B) 矮秆　　(C) 旱田　　(D) 经济

32. 橘园插种通常是对幼龄橘园在不影响树体生长发育的前提下，插种一些矮秆作物，以增加林下经济收益，如插种(　　)作物，还能为根部提供养分。

(A) 粮食　　(B) 蔬菜　　(C) 瓜果　　(D) 豆科

33. 硫酸铵是一种酸性肥料，对碱性土壤适度增施硫酸铵，能增加土壤(　　)，改变土壤的酸碱性。

(A) 碱性　　(B) 酸性　　(C) 中性　　(D) 微酸性

34. 硫酸铵是一种酸性肥料，对碱性土壤(　　)增施硫酸铵，能增加土壤酸性，改变土壤的酸碱性。

(A) 适度　　(B) 经常　　(C) 提倡　　(D) 结合

35. 硫酸铵是一种酸性肥料，对碱性土壤适度增施(　　)，能增加土壤酸性，改变土壤的酸碱性。

(A) 有机肥　　(B) 草木灰　　(C) 尿素　　(D) 硫酸铵

36. 硫酸铵是一种酸性肥料，对碱性土壤适度增施硫酸铵，能(　　)土壤酸性，改变土壤的酸碱性。

(A) 改变　　(B) 发挥　　(C) 增加　　(D) 减少

37. 柑橘树在生长发育中，需要适量的(　　)营养。其中氮、磷、钾是树体大量需要的元素，与植物的生长发育有密切关系。微量元素需要量少，但不可缺少。

(A) 树体　　(B) 花期　　(C) 矿质　　(D) 微生物

38. 柑橘树在生长发育中，需要适量的矿质营养。其中(　　)是树体大量需要的元素，与植物的生长发育有密切关系。微量元素需要量少，但不可缺少。

(A) 氮　　　　　　(B) 氮、磷、钾　　(C) 磷　　　　　　(D) 钾

39. 柑橘树在生长发育中，需要适量的矿质营养。其中氮、磷、钾是树体大量需要的元素，与植物的(　　)有密切关系。微量元素需要量少，但不可缺少。

(A) 开花结果　　(B) 花芽分化　　(C) 旺盛生长　　(D) 生长发育

40. 柑橘树在生长发育中，需要适量的矿质营养。其中氮、磷、钾是树体大量需要的元素，与植物的生长发育有密切关系。(　　)需要量少，但不可缺少。

(A) 微量元素　　(B) 菌肥　　(C) 生物肥　　(D) 叶面肥

41. 合理(　　)能促进树体和枝条生长健壮、叶片厚大、叶色深绿，产量稳定提高，抗性增强。

(A) 喷药　　(B) 施肥　　(C) 灌水　　(D) 修剪

42. 合理施肥能促进(　　)和枝条生长健壮、叶片厚大、叶色深绿，产量稳定提高，抗性增强。

(A) 树体　　(B) 根系　　(C) 树干　　(D) 花果

43. 合理施肥能促进树体和枝条生长健壮、叶片厚大、叶色(　　)，产量稳定提高，抗性增强。

(A) 好看　　(B) 正常　　(C) 深绿　　(D) 转绿

44. 合理施肥能促进树体和枝条生长健壮、叶片厚大、叶色深绿，产量稳定提高，(　　)增强。

(A) 耐寒性　　(B) 耐旱性　　(C) 抗病虫害　　(D) 抗性

45. 施肥必须坚持(　　)与无机肥相结合、基肥与追肥相结合、根际施肥与叶面喷施相结合、肥料与水分相结合的四结合原则。

(A) 有机肥　　(B) 速效肥　　(C) 复合肥　　(D) 生物肥

46. 施肥必须坚持有机肥与无机肥相结合、基肥与追肥相结合、(　　)施肥与叶面喷施相结合、肥料与水分相结合的四结合原则。

(A) 根外　　(B) 树冠滴水线　　(C) 根际　　(D) 树冠外围

47. 施肥必须坚持有机肥与无机肥相结合、基肥与追肥相结合、根际施肥与(　　)相结合、肥料与水分相结合的四结合原则。

(A) 叶面喷药　　(B) 叶面喷施　　(C) 叶面喷磷　　(D) 微肥

48. 施肥必须坚持有机肥与无机肥相结合、基肥与追肥相结合、根际施肥与叶面喷施相结合、肥料与(　　)相结合的四结合原则。

(A) 农药　　(B) 除草　　(C) 灌水　　(D) 水分

49. (　　)指人畜肥及尿素、硫铵等，磷肥指过磷酸钙、饼肥、钙镁磷肥，钾肥指草

木灰、硫酸钾等，复合肥指采用化学合成方式而制成的氮磷肥。

(A) 生物肥　(B) 氮肥　(C) 有机肥　(D) 掺混肥

50. 氮肥指人畜肥及尿素、硫铵等，(　　)指过磷酸钙、饼肥、钙镁磷肥，钾肥指草木灰、硫酸钾等，复合肥指采用化学合成方式而制成的氮磷肥。

(A) 磷肥　(B) 矿质肥　(C) 钙肥　(D) 微肥

51. 氮肥指人畜肥及尿素、硫铵等，磷肥指过磷酸钙、饼肥、钙镁磷肥，(　　)指草木灰、硫酸钾等，复合肥指采用化学合成方式而制成的氮磷肥。

(A) 堆肥　(B) 厩肥　(C) 钾肥　(D) 菌肥

52. 氮肥指人畜肥及尿素、硫铵等，磷肥指过磷酸钙、饼肥、钙镁磷肥，钾肥指草木灰、硫酸钾等，(　　)指采用化学合成方式而制成的氮磷肥。

(A) 精制有机肥　(B) 多微磷酸二氢钾

(C) 掺混肥　(D) 复合肥

53. 幼年树的施肥原则是(　　)，盛产树的施肥原则是大水大肥，小年树的施肥原则是巧施稳施，衰老树的施肥原则是增施氮肥。

(A) 深肥群施　(B) 重施氮肥　(C) 以磷肥为主　(D) 以钾肥为主

54. 幼年树的施肥原则是深肥群施，盛产树的施肥原则是(　　)，小年树的施肥原则是巧施稳施，衰老树的施肥原则是增施氮肥。

(A) 以磷为主　(B) 重施钾肥　(C) 大水大肥　(D) 以氮为主

55. 幼年树的施肥原则是深肥群施，盛产树的施肥原则是大水大肥，小年树的施肥原则是(　　)，衰老树的施肥原则是增施氮肥。

(A) 以钾为主　(B) 巧施稳施　(C) 深肥群施　(D) 以氮为主

56. 幼年树的施肥原则是深肥群施，盛产树的施肥原则是大水大肥，小年树的施肥原则是巧施稳施，衰老树的施肥原则是(　　)。

(A) 以磷为主　(B) 增施钾肥　(C) 增施氮肥　(D) 控制氮肥

57. 柑橘树的施肥方式有(　　)、放射形、盘状形和撒施法。

(A) 对角形　(B) 剖面深施　(C) 沟灌　(D) 打洞式

58. 柑橘树的施肥方式有对角形、(　　)、盘状形和撒施法。

(A) 放射形　(B) 沟灌　(C) 泼浇法　(D) 干施法

59. 柑橘树的施肥方式有对角形、放射形、(　　)和撒施法。

(A) 打洞式　(B) 盘状形　(C) 浇灌法　(D) 浸灌法

60. 柑橘树的施肥方式有对角形、放射形、盘状形和(　　)。

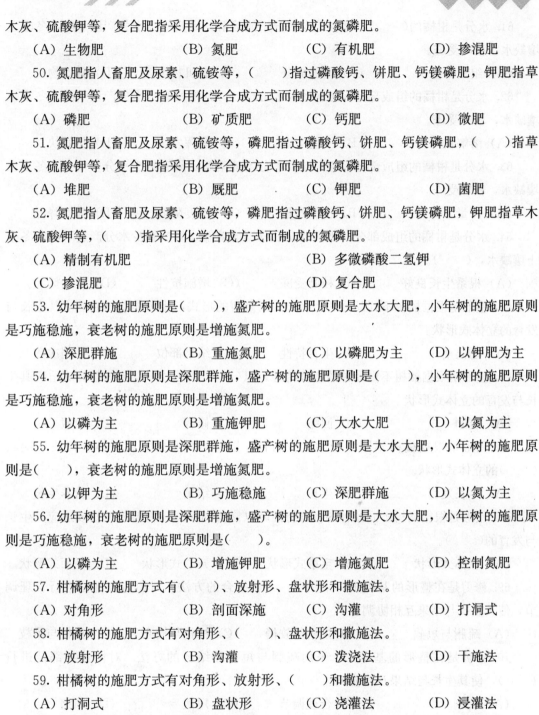

(A) 浸灌法　(B) 泼浇法　(C) 打洞式　(D) 撒施法

61. 水分是柑橘的(　　)，肥料缺少水分不能溶解，果实缺少水分产量下降，冬季土壤缺水，枝叶受冻。

(A) 组成部分　　(B) 营养成分　　(C) 有机物类　　(D) 碱性物类

62. 水分是柑橘的组成部分，肥料缺少水分(　　)，果实缺少水分产量下降，冬季土壤缺水，枝叶受冻。

(A) 溶解快　　(B) 不能溶解　　(C) 易挥发　　(D) 见效快

63. 水分是柑橘的组成部分，肥料缺少水分不能溶解，果实缺少水分(　　)，冬季土壤缺水，枝叶受冻。

(A) 产量下降　　(B) 提高产量　　(C) 糖度降低　　(D) 酸度降低

64. 水分是柑橘的组成部分，肥料缺少水分不能溶解，果实缺少水分产量下降，冬季土壤缺水，(　　)。

(A) 根系生长良好　　(B) 枝叶受冻　　(C) 增施抗性　　(D) 枝叶健壮

65. 整形是根据橘树不同品种的(　　)，以修剪的形式，将树体整修成适应其生长与发育的立体式形状。

(A) 物候期　　(B) 生育特性　　(C) 结果部位　　(D) 抽梢次数

66. 整形是根据橘树不同品种的生育特性，以(　　)的形式，将树体整修成适应其生长与发育的立体式形状。

(A) 疏删　　(B) 回缩　　(C) 修剪　　(D) 短截

67. 整形是根据橘树不同品种的生育特性，以修剪的形式，将树体整修成适应其(　　)的立体式形状。

(A) 生长发育　　(B) 生长　　(C) 结果　　(D) 营养生长

68. 整形是根据橘树不同品种的生育特性，以修剪的形式，将树体整修成适应其生长与发育的(　　)。

(A) 立体式形状　　(B) 宝塔式形状　　(C) 开心式形状　　(D) 平面式形状

69. 修剪是在整形的基础上，采用(　　)相结合的方法，对树体各部位进行合理调节，使其生长与结果互相协调。

(A) 疏删与短截　　(B) 控梢与放梢　　(C) 抹梢与摘心　　(D) 拉枝与吊枝

70. 修剪是在整形的基础上，采用疏删与短截相结合的方法，对树体各部位进行(　　)，使其生长与结果互相协调。

(A) 疏删　　(B) 合理调节　　(C) 短截　　(D) 回缩

71. 修剪是在整形的基础上，采用疏删与短截相结合的方法，对树体各部位进行合理调节，使其(　　)互相协调。

(A) 产量与树势　(B) 树形与树势　(C) 生长与结果　(D) 生根与发芽

72. 修剪是在整形的基础上，采用疏删与短截相结合的方法，对树体各部位进行合理调节，使其生长与结果(　　)。

(A) 互相协调　(B) 同时进行　(C) 竞争力强　(D) 偏差

73. 合理修剪能使树体(　　)、通风透光、枝条充实和抗性增强。

(A) 结构合理　(B) 形成平面形　(C) 形成宝塔形　(D) 矮化

74. 合理修剪能使树体结构合理、(　　)、枝条充实和抗性增强。

(A) 通风透光　(B) 枝条稀少　(C) 枝条多　(D) 枝条强壮

75. 合理修剪能使树体结构合理、通风透光、(　　)和抗性增强。

(A) 枝条柔嫩　(B) 枝条充实　(C) 枝条木质化　(D) 枝条短细

76. 合理修剪能使树体结构合理、通风透光、枝条充实和(　　)。

(A) 花芽多　(B) 花芽少　(C) 抗性增强　(D) 抗倒伏

77. 透过修剪，使树体枝条(　　)，上下不重叠，左右不拥挤，达到树体立体式形状。

(A) 分布均匀　(B) 平面结果　(C) 开心形　(D) 宝塔形

78. 透过修剪，使树体枝条分布均匀，(　　)，左右不拥挤，达到树体立体式形状。

(A) 上下不重叠　(B) 上下多层次　(C) 交叉丛生　(D) 松散形

79. 透过修剪，使树体枝条分布均匀，上下不重叠，(　　)，达到树体立体式形状。

(A) 枝条密　(B) 左右不拥挤　(C) 枝条稀少　(D) 生长健壮

80. 透过修剪，使树体枝条分布均匀，上下不重叠，左右不拥挤，达到树体(　　)形状。

(A) 立体式　(B) 平面式　(C) 直立式　(D) 宝塔式

81. 通过合理的整形修剪，使枝条(　　)、叶片浓绿、生长充实、产量稳定和抗性增强。

(A) 分布均匀　(B) 分布散　(C) 密生　(D) 健壮

82. 通过合理的整形修剪，使枝条分布均匀、(　　)、生长充实、产量稳定和抗性增强。

(A) 叶片大　(B) 叶片浓绿　(C) 叶片厚　(D) 叶片小

83. 通过合理的整形修剪，使枝条分布均匀、叶片浓绿、(　　)、产量稳定和抗性增强。

(A) 生长充实　(B) 生长势降低　(C) 生长势增强　(D) 结果量减少

84. 通过合理的整形修剪，使枝条分布均匀、叶片浓绿、生长充实、(　　)和抗性增强。

(A) 产量降低　(B) 产量稳定　(C) 产量增加　(D) 产量不稳定

85. 成年树树体管理应采取(　　)，科学配方施肥，保果与疏果相结合，促进生育平衡。

(A) 合理修剪　(B) 中耕松土　(C) 控梢　(D) 保花保果

86. 成年树树体管理应采取合理修剪，科学(　　)，保果与疏果相结合，促进生育平衡。

(A) 配方施肥　(B) 增施氮肥　(C) 增施磷肥　(D) 增施钾肥

87. 成年树树体管理应采取合理修剪，科学配方施肥，(　　)，促进生育平衡。

(A) 保果与疏果相结合　(B) 保果　(C) 疏果　(D) 增施氮肥

88. 成年树树体管理应采取合理修剪，科学配方施肥，保果与疏果相结合，促进(　　)。

(A) 营养生长旺盛　(B) 保果量高　(C) 抗性增强　(D) 生育平衡

89. 合理、科学(　　)的施肥方法，适当增施磷肥，有利于花芽分化的数量增加以及提高花的质量。

(A) 配方　(B) 合理　(C) 按时　(D) 灌水

90. 合理、科学配方的施肥方法，适当增施(　　)，有利于花芽分化的数量增加以及提高花的质量。

(A) 氮肥　(B) 有机肥　(C) 磷肥　(D) 钾肥

91. 合理、科学配方的施肥方法，适当增施磷肥，有利于(　　)的数量增加以及提高花的质量。

(A) 植株生长　(B) 花芽分化　(C) 根系　(D) 枝梢

92. 合理、科学配方的施肥方法，适当增施磷肥，有利于花芽分化的数量增加以及提高花的(　　)。

(A) 坐果率　(B) 结果率　(C) 数量　(D) 质量

93. 柑橘树修剪应采取因地制宜，要根据不同的(　　)、地理环境，在修剪的时期上应合理掌握，防止过早过晚，而对树体正常生长产生影响。

(A) 时间　(B) 气候　(C) 天气　(D) 树势

94. 柑橘树修剪应采取因地制宜，要根据不同的气候、(　　)环境，在修剪的时期上应合理掌握，防止过早过晚，而对树体正常生长产生影响。

(A) 地理　(B) 自然　(C) 外部　(D) 市场

95. 柑橘树修剪应采取因地制宜，要根据不同的气候、地理环境，在修剪的(　　)上应合理掌握，防止过早过晚，而对树体正常生长产生影响。

(A) 程序 (B) 内容 (C) 时期 (D) 方法

96. 柑橘树修剪应采取因地制宜，要根据不同的气候、地理环境，在修剪的时期上应合理掌握，防止( )，而对树体正常生长产生影响。

(A) 连续阴雨 (B) 过于局限 (C) 长期干旱 (D) 过早过晚

97. 柑橘树采取因数修剪，就是根据不同的( )特性、树龄大小、树势强弱、结果量多少而灵活掌握修剪的程序和方法。

(A) 品种 (B) 品系 (C) 规格 (D) 时间

98. 柑橘树采取因数修剪，就是根据不同的品种特性、树龄大小、( )强弱、结果量多少而灵活掌握修剪的程序和方法。

(A) 枝条 (B) 树势 (C) 根系 (D) 树干

99. 柑橘树采取因数修剪，就是根据不同的品种特性、树龄大小、树势强弱、( )多少而灵活掌握修剪的程序和方法。

(A) 花量 (B) 修剪量 (C) 结果量 (D) 产量

100. 柑橘树采取因数修剪，就是根据不同的品种特性、树龄大小、树势强弱、结果量多少而( )掌握修剪的程序和方法。

(A) 实地 (B) 具体 (C) 认真 (D) 灵活

101. 柑橘树修剪过程中，应根据树体的( )与局部性原则，在树体的各部位进行合理疏删、短截和回缩。

(A) 整体性 (B) 通透性 (C) 长相 (D) 长势

102. 柑橘树修剪过程中，应根据树体的整体性与( )原则，在树体的各部位进行合理疏删、短截和回缩。

(A) 树势 (B) 局部性 (C) 通透性 (D) 枝条分布

103. 柑橘树修剪过程中，应根据树体的整体性与局部性原则，在树体的各( )进行合理疏删、短截和回缩。

(A) 枝梢 (B) 方面 (C) 部位 (D) 枝组

104. 柑橘树修剪过程中，应根据树体的整体性与局部性原则，在树体的各部位进行合理( )、短截和回缩。

(A) 摘心 (B) 抹芽 (C) 控梢 (D) 疏删

105. 柑橘树是常绿果树，( )是花果的基础，保护叶片就是保花保果。因此，修剪应掌握尽量有效保护枝叶的原则。

(A) 叶片 (B) 枝条 (C) 结果母枝 (D) 结果枝

106. 柑橘树是常绿果树，叶片是(　　)的基础，保护叶片就是保花保果。因此，修剪应掌握尽量有效保护枝叶的原则。

(A) 光合作用　(B) 花果　(C) 吸收水分　(D) 蒸发水分

107. 柑橘树是常绿果树，叶片是花果的基础，保护叶片就是保花保果。因此，(　　)应掌握尽量有效保护枝叶的原则。

(A) 控梢　(B) 喷药　(C) 修剪　(D) 施肥

108. 柑橘树是常绿果树，叶片是花果的基础，保护叶片就是保花保果。因此，修剪应掌握尽量有效保护(　　)的原则。

(A) 花蕾　(B) 果实　(C) 结果枝　(D) 枝叶

109. (　　)结果通常是指树体的上部、下部、内部和外围均能结果。

(A) 立体　(B) 平面　(C) 内膛　(D) 大小年

110. 立体结果通常是指树体的上部、(　　)、内部和外围均能结果。

(A) 中部　(B) 下部　(C) 顶端　(D) 平面

111. 立体结果通常是指树体的上部、下部、内部和(　　)均能结果。

(A) 无叶结果枝　(B) 春梢　(C) 外围　(D) 有叶结果枝

112. 立体结果通常是指树体的上部、下部、内部和外围均能(　　)。

(A) 坐果　(B) 花芽分化　(C) 开花　(D) 结果

113. 营养枝指当年抽生的(　　)，能作为下年的结果母枝生长结果。夏梢营养枝因保果而严格控制。成年树的营养枝应合理保留，能作为次年理想的结果母枝。

(A) 新梢　(B) 外围枝　(C) 徒长枝　(D) 顶端枝

114. 营养枝指当年抽生的新梢，能作为下年的结果母枝生长结果。夏梢(　　)因保果而严格控制。成年树的营养枝应合理保留，能作为次年理想的结果母枝。

(A) 徒长枝　(B) 营养枝　(C) 顶端枝　(D) 外围枝

115. 营养枝指当年抽生的新梢，能作为下年的结果母枝生长结果。夏梢营养枝因保果而严格(　　)。成年树的营养枝应合理保留，能作为次年理想的结果母枝。

(A) 回缩　(B) 疏删　(C) 控制　(D) 短截

116. 营养枝指当年抽生的新梢，能作为下年的结果母枝生长结果。夏梢营养枝因保果而严格控制。成年树的营养枝应合理(　　)，能作为次年理想的结果母枝。

(A) 修剪　(B) 摘心　(C) 抹除　(D) 保留

117. (　　)指上年的春梢有叶结果枝经结果后，春季将合理处理。一般采取合理的短截或疏删技术。

(A) 结果枝　(B) 春梢　(C) 早秋梢　(D) 晚夏梢

118. 结果枝指上年的(　　)有叶结果枝经结果后，春季将合理处理。一般采取合理的短截或疏删技术。

(A) 早秋梢　(B) 春梢　(C) 晚夏梢　(D) 夏梢

119. 结果枝指上年的春梢有叶结果枝经(　　)后，春季将合理处理。一般采取合理的短截或疏删技术。

(A) 采收　(B) 开花　(C) 结果　(D) 发芽

120. 结果枝指上年的春梢有叶结果枝经结果后，(　　)将合理处理。一般采取合理的短截或疏删技术。

(A) 秋季　(B) 冬季　(C) 夏季　(D) 春季

二、技能测试题

1. 肥料区分

操作条件：

(1) 60～70 m^2 教室。

(2) 多媒体放映设备（或考生每人一台计算机）。

(3) 识别用的肥料相关图片。

(4) 答题卷：

按顺序规范填写所示图片的名称

序号	名称	序号	名称	序号	名称
1		11		21	
2		12		22	
3		13		23	
4		14		24	
5		15		25	
6		16		26	
7		17		27	
8		18		28	
9		19		29	
10		20		30	

操作内容：

(1) 按计算机所示图片认真审视。

(2) 按顺序规范填写所示图片的名称。

2. 橘园施肥（环状施肥）

操作条件：

（1）橘园 50 m^2。

（2）常规化肥 1 袋（50 kg）。

（3）塑料桶 1 只。

（4）开环状沟工具。

操作内容：

（1）橘园内选定需要施肥的橘树。

（2）根据要求开环状沟。

（3）用塑料桶盛装化肥。

（4）按要求正确施肥。

（5）填埋环状沟。

注意事项：

（1）装桶化肥量符合规范要求。

（2）环状位置布置符合规范要求。

（3）掩埋深度符合规范要求。

3. 幼树整形

操作条件：

（1）定植后第一次新梢刚萌发阶段的幼树 1 棵。

（2）拉枝绳 5 m，小木桩若干。

（3）长短支撑棒若干。

（4）枝剪 1 把。

（5）手套 1 副。

操作内容：

（1）确定需要拉枝的树枝，在其适当位置插小木桩，用绳子拉枝。

（2）确定需要撑枝的树枝，在其适当位置用撑棒撑枝。

（3）确定需要吊枝的树枝，在其适当位置用绳子吊枝。

（4）对破坏树形的枝条进行修剪。

4. 柑橘修剪

操作条件：

（1）成龄橘树 1 棵。

（2）枝剪 1 把。

(3) 手套 1 副。

(4) 手锯 1 把。

操作内容：

一看二剪三清理。

5. 柑橘枝条环割、环剥处理

操作条件：

(1) 成年橘树 1 棵。

(2) 手套 1 副。

(3) 消毒杀菌剂 1 瓶。

(4) 常用型枝剪或刀具 1 把。

操作内容：

(1) 确定需要环割、环剥处理的枝条。

(2) 用相关工具对柑橘枝条做环割或环剥处理。

测试题答案及评分表

一、单项选择题

1. B 2. A 3. C 4. D 5. B 6. A 7. D 8. C 9. B 10. A 11. B 12. C 13. A
14. C 15. D 16. B 17. B 18. A 19. D 20. C 21. B 22. A 23. C 24. D
25. C 26. D 27. A 28. B 29. A 30. C 31. B 32. D 33. B 34. A 35. D
36. C 37. C 38. B 39. D 40. A 41. B 42. A 43. C 44. D 45. A 46. C
47. B 48. D 49. B 50. A 51. C 52. D 53. A 54. C 55. B 56. C 57. A
58. A 59. B 60. D 61. A 62. B 63. A 64. B 65. B 66. C 67. A 68. A
69. A 70. B 71. C 72. A 73. A 74. A 75. B 76. C 77. A 78. A 79. B
80. A 81. A 82. B 83. A 84. B 85. A 86. A 87. A 88. D 89. A 90. C
91. B 92. D 93. B 94. A 95. C 96. D 97. A 98. B 99. C 100. D 101. A
102. B 103. C 104. D 105. A 106. B 107. C 108. D 109. A 110. B 111. C
112. D 113. A 114. B 115. C 116. D 117. A 118. B 119. C 120. D

二、技能测试题

1. 评分表

试题代码及名称	1.1—1.2 柑橘相关图片的室内识别	答题时间（min）	20
评价要素	配分	评分标准	得分
按顺序规范填写所示图片的名称 （1）使用中文名称标准学名填写 （2）有错别字算错	15	每错一处扣 0.5 分	
合计配分	15	合计得分	

2. 评分表

试题代码及名称		3.3 橘园施肥			答题时间（min）	20
编号	评分要素	配分	分值	评分标准		实际得分
1	装桶化肥量	5	3	桶内化肥量占桶体积 3/4 得满分，否则扣 3 分		
			2	化肥装桶时动作快速且无撒落者得满分，否则扣 2 分		
2	环状沟位置布置	8	5	环状沟位置布置合理者得满分，否则扣 1 分		
			3	选择适宜环状施肥带与树干距离者得满分，否则扣 1 分		
3	掩埋深度	7	4	掩埋深度约为 30 cm 者得满分，沟过深或过浅者扣 1 分		
			3	掩埋时不损害根系者得满分，否则扣 1 分		
合计配分		20				

3. 评分表

试题代码及名称		4.1 幼树整形			答题时间（min）	10
编号	评分要素	配分	分值	评分标准		实际得分
1	拉枝、撑枝	13	8	用绳子缚在小桩上将枝拉开并定位适当；主枝偏于树冠一边的，则把它拉开使其分布均匀，否则扣 8 分		
			5	在两枝条中间撑一支小棒使角度变大并固定牢固，否则扣 5 分		
2	吊枝	3	3	将分枝角度大的，用绳子吊起，使分枝与主干形成 45°角，否则扣 3 分		
3	剪枝	4	4	剪除徒长枝和干扰树冠的树枝，否则扣 4 分		
合计配分		20				

4. 评分表

试题代码及名称		4.2橘树修剪	答题时间（min）	10
编号	评分要素	配分	评分标准	实际得分
1	剪除萌发蘖枝	3	蘖枝修剪干净，不留桩，否则扣3分	
2	剪去内膛枝、病虫枝、枯枝、交叉枝	8	视树势修剪内膛枝、病虫枝、枯枝、交叉枝，否则扣8分	
3	结果枝回剪	5	结果枝回剪到位，剪至非结果的新枝处，否则扣5分	
4	剪去非结果枝和缩剪部分枝	4	短截、回缩符合树势，否则扣4分	
合计配分		20		

5. 评分表

试题代码及名称		4.3柑橘枝条环割、环剥处理		答题时间（min）	10
编号	评分要素	配分	分值	评分标准	实际得分
1	枝剪使用	3	1	枝剪正确使用者满分，否则扣1分	
			2	枝剪动作与姿势标准得满分，否则扣2分	
2	环割、环剥方法	12	7	选择环割、环剥部位正确者满分，否则扣7分	
			5	环割、环剥保持角度60°者得满分，否则扣5分	
3	涂抹药剂	5	2	消毒杀菌剂浓度配比正确者满分，否则扣2分	
			2	消毒杀菌剂涂药位置选择正确者满分，否则扣2分	
			1	消毒杀菌剂涂药操作规范者满分，否则扣1分	
合计配分		20			

5

第 5 章

柑橘病虫害防治

柑橘的生长发育过程中，由于有害生物或不良环境条件的影响超过了其适应能力，其正常的生长发育受到抑制，代谢发生改变，导致产量降低，品质变劣，甚至死亡，这给柑橘的经济价值带来极大的损失，严重影响了种植户的经济收入。为此，清楚地认识柑橘的主要病虫害并采取有效的措施进行防治，对于种植户来说具有重要的意义。

柑橘树因病菌或其他微生物、寄生虫影响，植株或果实生长不良，导致品质低劣，产量下降，树势削弱，这种现象或症状称为病害或虫害。

第 1 节　病害防治

学习目标

了解柑橘树脂病、疮痂病、炭疽病、黄化病、黄龙病、溃疡病、根结线虫病、烟煤病症状及病原基。

熟悉柑橘树脂病、疮痂病、炭疽病、黄化病、黄龙病、溃疡病、根结线虫病、烟煤病发生规律。

掌握柑橘树脂病、疮痂病、炭疽病、黄化病、黄龙病、溃疡病、根结线虫病、烟煤病防治方法。

知识要求

病害有两种类型：一种为侵染性；一种为非侵染性。

侵染性病害是由病菌或其他微生物寄生而导致不良症状的产生。非侵染性病害是由自然灾害、栽培环境引起的病害，例如，裂果、风斑或缺素症状。目前，柑橘树体或果实上大多数病害为侵染性病害。

一、柑橘树脂病

1. 树脂病病原基

真菌类引起，易侵害弱势组织及衰弱、冻害树，在春季容易产生树脂病。随着温度上升，病菌很快蔓延，在主干上出现。

2. 症状（见彩图 56）

（1）危害枝干。有流胶型和干枯型两种症状，使主干部位组织坏死而干枯。

（2）危害叶片。使叶片产生许多粒状物，影响光合作用。

（3）危害果实。会使果面产生砂粒，也称沙皮果。在高温下，易产生非正常落果。

（4）危害储藏果。使果蒂产生黑色状病开始腐烂，也称蒂腐病。

3. 防治方法

（1）农业防治。选择优良品种，合理施肥，增施有机肥，加强病虫防治，合理挂果，适时采收，适时控梢放梢。总之，增强树势是抗树脂病的关键措施。农业防治上，营造防风林带，园地开挖排水沟，寒潮来临一周前抓紧园地灌水，园地保持温湿环境，促使安全过冬。选择优质沙壤土作为园地，具有抗树脂病的作用。

（2）人工防治。当春季气温上升，主干或主枝基部出现病症时，及时用刀片切除患病皮层，至木质部，并涂上酒精或托布津等消毒剂，并将伤口部位涂上泥浆或其他相关保护物及时包扎，防止失水，并经常检查，力求治愈。

经过树脂病危害的树体，逐步衰弱，坐果率很高，但容易提早衰老，生产上应注重培养树势。

树脂病病害的发生与柑橘冻害密切有关。防治措施应以增强树势，防止枝干受冻为主。枝干发病后可在病斑及其周围纵横刻划，深达木质部，然后用50%的托布津或50%多菌灵100倍液，或用401抗菌剂50～100倍液或树脂净连续涂抹2～3次，每次间隔1周。

二、柑橘疮痂病

疮痂病（见彩图63）是柑橘产区的主要病害之一，此病对柑橘树势、产量和品质均会产生影响。柑橘疮痂病主要危害叶片、新梢和果实，引起落叶、落果，未落病果小而畸形，品质变劣，受害新梢生长不良。

1. 症状与后果

该病只能侵染叶、梢、果的幼嫩组织，受害叶片初现水浸状小，后逐渐扩大，呈蜡黄色至黄褐色，直径0.3～2.0 mm，木栓化。叶片受害后使叶畸形，叶背呈针尖状凸出，严重时卷曲，影响光合作用。

幼果受害，使果面呈现粒状凸出，果皮粗糙畸形，品质降低，病害严重时，引起大量落果，使产量遭受损失。

2. 发生规律

疮痂病菌以侵染幼嫩组织为主，其中春梢抽发三至五张叶片时最易感染病菌，幼果期也易发生，气候温暖、多湿，发病易严重。

3. 防治方法

（1）苗木检疫。新建园从外地引进苗木和接穗，进行检疫。来自外地的接穗和苗木，可用50%苯菌灵可湿性粉剂800倍液、40%三唑酮多菌灵可湿性粉剂800倍液浸30 min。

（2）农业防治。开通排水沟，降低地下水位，改善园间小气候环境。合理修剪、施肥。春季剪除病枝、病叶并清除出园外，减少病菌的寄生或传播。

加强肥水管理，促抽梢整齐，缩短幼果嫩期，减少病菌侵染机会。

（3）药剂防治。春芽抽发1～2 mm时，及时用药防治，喷1：1：100波尔多液，花谢2/3时，再喷一次。幼果期使用药剂：10%世高1 000倍液；80%代森锰锌600倍液；80%新万生800倍液，必得利800倍液；10%博邦1 000倍液；或70%中基托布津800倍液，或用8%宁南霉素1 000倍液及美生1 000倍液交替使用。

三、柑橘炭疽病

1. 症状与后果

柑橘炭疽病（见彩图57）常造成柑橘树大量落叶、枯梢和落果，导致树势衰弱，产品和品质下降，甚至枝干和植株枯死。

2. 防治措施

（1）加强栽培管理，深翻改土避免偏施氮肥，增施有机肥和磷肥、钾肥，及时排水灌溉，做好防冻，防其他病虫害工作。

（2）冬季清园，剪除病枯枝叶和僵果，清除地上落叶和病果，集中烧毁或深埋。

（3）药剂喷雾防治，在春梢、夏梢、秋梢嫩叶期、幼果期和果实膨大期喷药，选用25%咪鲜胺乳油、24%腈苯唑悬浮剂、43%代森锰锌悬浮剂1 000倍液或25%溴氰腈乳油500～800倍液喷洒。

四、柑橘黄化病（缺素症）（见彩图43）

柑橘树体或果实产生不正常的黄化，导致叶片光合作用效果降低，树体衰弱，果实品质降低，失去商品经济价值。

1. 发生原因

（1）缺少某种营养元素。例如缺少铁、硼、锰、锌等而出现叶片黄化。

（2）土壤过碱。当土壤pH值超过8.5时，根系对土壤养分的吸收，就会出现明显的不良反应，植株得不到某种微量元素的供应而产生黄化。

（3）结果量过高。由于大量结果，树体营养消耗过大，而根系则因结果太多，而生长受抑制，植株中大量元素及微量元素供不应求，或缺失某一元素就会导致叶内缺素而产生黄化。

（4）砧木的抗碱性。枳砧耐寒性极强，能耐－20℃低温，但抗碱性很差，在遇到上述不良状况时，枳砧柑橘树，就会容易出现黄化。因此，在培育苗木时，应选择优良抗碱砧木，并选择酸性土为宜。

（5）土壤质地原因。黏性土壤因通气性差，根系生长困难，当出现干旱或肥料供应不及时，就会使植株生长出现不良反应，导致黄化。

2. 防止黄化的技术措施

（1）对土壤增施有机肥，为土壤提供大量的综合营养元素，合理增施有机肥料，同时对碱性土壤增施酸性肥料，能改良土壤酸碱度。

（2）选择抗碱性砧木，选用枳橙作砧木，能增强抗碱能力。

（3）适量挂果，减少大小年现象，协调结果与生长的矛盾，促进稳产、树势健壮，也能达到防止黄化的目的。

（4）选择优良沙壤土，使根系生长有一个良好的环境，有利树体健壮，增强抗逆能力，防治因多种原因而引发的黄化现象。

五、柑橘黄龙病

柑橘黄龙病（见彩图 44）又称黄梢病，苗木和幼龄树发病后 1～2 年内枯死，成年树发病后在 2～3 年内丧失结果能力。

1. 主要危害

症状在初期表现为个别植株的少数新梢上发病，在浓绿的树冠中掺有少量黄梢，俗称插金花或鸡头黄。病梢上的叶质变硬而脆，从叶片的基部开始叶肉变黄而主脉侧脉仍保持绿色，呈黄绿相间的斑驳状，叶脉肿大，局部木栓化开裂或全叶均匀黄化。

2. 防治措施

（1）严格检疫，禁止新区和无病区从病区引进苗木和接穗。

（2）培育无病苗木，建立无病苗圃，地点应选择无黄龙病和无柑橘木虱发生的地区，并选用脱毒过的苗木。

（3）除虫防治，及时防治传病媒介柑橘木虱。

（4）挖除病株，加强检查，及时处理病株。

六、柑橘溃疡病

1. 主要危害

柑橘溃疡病（见彩图 45）是国内外植物检疫对象，苗木、幼树受害严重，造成落叶枯枝，树势衰弱，果实受害轻则带有病疤，降低品质，重则落果，降低产量。本病危害叶片、枝梢和果实。病斑初为针头大小，黄色，水浸状，后扩大呈近圆形病斑，在叶的正反面隆起，木栓化，表面粗糙，灰褐色，呈火山口状开裂。

2. 防治措施

（1）严格实行检疫。对引进的苗木和接穗，用0.3%硫酸亚铁浸10 min。

（2）加强栽培管理。冬季修剪和清园。做好抹芽控梢，减少发病，合理施肥，以肥控梢。

（3）喷药保梢保果。选用77%氢氧化铜可湿性粉剂、30%氧氯化铜悬浮剂800～1 000倍液、20%二氯异氰尿酸甲可湿性粉剂1 000～1 500倍液或20%噻菌酮可湿性粉剂1 000～1 500倍液进行喷洒。

七、柑橘根结线虫病

1. 主要危害

柑橘根结线虫病（见彩图46和彩图47）主要危害植株根部，植株受害，轻则引起树势衰退，重则全株凋萎死亡。被害根组织因受刺激而过度生长，形成大小不等的根瘤，根毛稀少，病株地上部叶片变小变黄，重者叶缘卷曲，叶片干枯脱落，枝梢枯萎以至全株死亡。

2. 防治措施

（1）严格检疫。禁止从病区调运苗木。

（2）培育无病苗木。选用前作为水稻的地育苗，育苗地要反复犁耙翻晒，播种前两周开沟施杀线虫剂熏杀处理。

（3）病苗处理。对发病苗木用48℃温水浸病根15 min，或用40%虫胺磷乳油100倍液浸根，杀死根内线虫。

（4）病树处理，挖除病根。在1—2月份，挖除病株表层的病根和须根团并烧毁，每株施石灰1.5～2.5 kg，增施有机肥，促进根系生长和树势恢复。

八、柑橘煤烟病（见彩图48）

1. 症状

感病时，叶片表面或果面成灰煤状，严重影响叶片和果实的光合作用，从而导致树势衰退，降低果实品质。

2. 病原基

煤烟病是由蚜虫、介壳虫及粉虱的危害引起，这些害虫的分泌物，经过温度、水分的作用滋生而形成该病。防治煤烟病的根本基础，首先要防治好蚜虫、介壳虫和粉虱。

3. 防治办法

重点加强对蚜虫、始发期介壳虫和幼虫期粉虱等害虫的及时防治。

选择药剂：0.3%啶虫脒 2 000 倍液，10%吡虫啉 1 000 倍液，20%松脂酸钠 80～100 倍液（清园）。在害虫发生不同时期内及时防治。

技能要求

病害识别

操作准备：

（1）60～70 m^2 教室。

（2）多媒体放映设备（或考生每人一台计算机）。

（3）识别用的病害图片。

操作步骤：

步骤 1　按所示图片认真审视。

步骤 2　按顺序规范辨别所示图片（见彩图 55～彩图 70）。

注意事项：

（1）使用中文名称标准学名。

（2）识别时有错别字算错。

第 2 节　虫害防治

学习目标

了解介壳虫、黑刺粉虱、潜叶蛾、红蜘蛛、天牛、蜗牛、小黄卷叶蛾（缺素症）、锈壁虱、卷叶蛾危害症状。

了解介壳虫、黑刺粉虱、潜叶蛾、红蜘蛛、天牛、蜗牛、小黄卷叶蛾（缺素症）、锈壁虱、卷叶蛾发生规律。

掌握介壳虫、黑刺粉虱、潜叶蛾、红蜘蛛、天牛、蜗牛、小黄卷叶蛾（缺素症）、锈壁虱、卷叶蛾防治方法。

知识要求

一、介壳虫

1. 危害症状

介壳虫又称蜡介、矢尖介、糠片介，是柑橘树体的重要害虫之一，危害枝条、叶片和果实。成虫和若虫刺吸组织的液汁，被害组织不能充分发育，树势衰弱，引起落叶落果，影响果实品质，并能诱发煤烟病。不同种类也有不同的危害特点，上海地区以红蜡蚧、红园蚧、吹绵蚧、糠片蚧为主。红蜡蚧（见彩图 75）、吹绵蚧以群体集结于枝条上，吸收表皮汁液，使枝条皮层发黑，失去光合作用；糠片蚧、红园蚧常危害果实表皮，影响果皮外观，降低商品品质，严重时，影响树势，导致冬季冻害。

2. 发生规律

红蜡蚧一年发生一代，每头雌蚧产卵 470～500 粒，多的近 1 000 粒。上海地区 6 月上旬开始为幼蚧孵化期，6—7 月份受害严重。

3. 防治方法

介壳虫产卵量大，孵化期长，用药次数要在二次以上，且在幼蚧时及时用药，具体时间在 6 月上旬至 7 月上中旬，每次用药间隔期为 15～20 天。有效药剂：采果后选用 20% 松脂酸钠 80～100 倍清园，25%喹硫磷 1 000 倍液，40%噻虫啉 4 000 倍液。

做好冬季清园工作，剪除病虫枝、枯枝，并彻底烧毁。冬季喷 8～10 倍的松碱合剂或 100 倍液机油乳剂加 3 000 倍液有机磷农药。

二、黑刺粉虱

1. 形态特征

黑刺粉虱（见彩图 49 和彩图 50）成虫比柑橘木虱还细些，雌成虫体长 1～1.7 mm，翅展 2.5～3.5 mm，橙黄色，披有薄的蜡质白粉，故名粉虱，前翅紫褐色，具 7 个白色斑纹，后翅淡紫褐色，无斑纹。若虫共 3 龄，扁圆形，黑色，体披黑色刺毛，躯体周围分泌一圈白色蜡质物，营固定寄生。蛹似若虫，椭圆形，漆黑色，有光泽，边缘锯齿状，背部显著隆起，周缘有较宽的白色蜡圈。

2. 生活习性

柑橘黑刺粉虱在四川年发生 4～5 代，以 2～3 龄若虫在叶背越冬，翌年 3 月上旬至 4 月上旬化蛹，3 月中下旬开始羽化为成虫。成虫喜阴暗环境，多在树冠内新梢上活动，卵多产于叶背，散生或密集为圆弧形，常数粒至数十粒在一起。初孵若虫爬行不远，多在卵壳附近营固定式刺吸生活，蜕皮后将皮壳留在体背上。末龄若虫皮壳硬化为蛹，即蛹壳。各代发生虫口多寡与温湿度关系密切，适温（30℃以下）和高湿（相对湿度90%以上）对成虫羽化和卵的孵化有利，反之，过高的温度（月均温 30℃ 以上）和低湿（相对湿度80%以下）则不利，故通常树冠密集、阴暗的环境虫口较多。天敌有粉虱细蜂等多种寄生蜂，以及寄生菌、瓢虫和草蛉等 20 余种，自然条件下对黑刺粉虱的控制效果较好，应加以保护利用。

3. 防治方法

（1）农业防治

1）抓好清园修剪，改善柑橘园通风透光性，创造有利于植株生长、不利于黑刺粉虱发生的环境。

2）合理施肥，勤施薄施，避免偏施、过施氮肥导致植株密茂徒长而有利害虫滋生。

3）在 5—11 月寄生蜂等天敌盛发时，结合柑橘园灌溉，用高压水柱冲洗树冠，可减少粉虱分泌的“蜜露”，可收到提高寄生天敌寄生率和减轻煤烟病发生之效。

（2）生物防治。主要是保护和利用好天敌。

1）在粉虱细蜂等天敌寄生率达 50%时，不宜施用农药，以免大量杀伤天敌，非施不可时也应选对天敌影响较小的蛹期喷药。

2）在黑刺粉虱发生严重的柑橘园，5—6 月份从粉虱细蜂、黄盾扑虱蚜小蜂等发生多的柑园采摘有粉虱活蛹的叶片（7～8 头/叶）挂放园内，放后一年内不施剧毒农药，可抑制粉虱危害。

3）生物防治园内不宜多次施用对天敌影响较大的溴氰菊酯、氯氰菊酯等农药。

（3）药剂防治。在粉虱危害严重而天敌又少跟不上害虫的发展时，可于 1～2 龄若虫盛发期选用 20%扑虱灵可湿粉 2 500～3 000 倍液，或 95%蚧螨灵乳油 200 倍液，或 90%敌百虫晶体 500～800 倍液，或 80%敌敌畏 1 000 倍液，50%马拉硫磷乳油 1 000 倍液，或 40%敌畏乐果乳油 1 000 倍液喷施。

三、蚜虫

1. 危害症状

危害柑橘的蚜虫（见彩图 51）主要有橘蚜和棉蚜两种，以橘蚜为主，主要在嫩梢期危害嫩叶，使叶片卷曲，呈水渍状，严重时叶片萎缩，失去叶片功能。

2. 防治方法

啶虫脒 2 000 倍液，40%噻虫啉 4 000 倍液，高效氯氰菊酯 2 000 倍液，2.8%快杀 1 500 倍液，1%虫螨灵 2 000 倍液，1%吡虫啉 1 000 倍液。

四、柑橘潜叶蛾

1. 柑橘潜叶蛾

柑橘潜叶蛾俗称“鬼画符”（见彩图 69）。该虫以幼虫潜入嫩叶、嫩枝和果实等表皮下取食，形成白色弯曲虫道，使叶片卷曲硬脆脱落，造成新梢生长差，影响树势和结果。叶片危害严重时，将产生卷叶，使叶片畸形，不能进行正常的光合作用，并易遭冻害。夏梢芽萌发后的 5 月下旬开始危害，7—8 月份危害最盛。

2. 防治方法

（1）结合冬季清园，剪除受害枝梢，并予烧毁。

（2）摘除过早或过晚抽发的零星新梢，加强肥水管理，促使新梢抽发整齐。

（3）新梢萌发达 50%，或多数牙长 2～3 cm，或嫩叶受害率达 5%，开始喷药，每隔 5～7 天 1 次，连喷 2～3 次。上海地区秋梢抽发期在立秋前后，通常在 8 月上旬为最佳用药期，用药时期应掌握嫩芽嫩梢期。

3. 选用药剂

1%虫螨光 3 000 倍液，20%杀灭菊酯 2 000 倍液，5%蚜虱净 3 000 倍液，25%灭幼脲 2 000 倍液，1%阿维菌素 2 000 倍液，1%除尽 1 000 倍液。

五、柑橘红蜘蛛

1. 危害症状

红蜘蛛（见彩图 52 和彩图 53）主要危害柑橘叶片、枝梢和果实。被害叶、果严重时变灰白色，失去光泽，直至枯黄而脱落。4—6 月份和 9—11 月份为发生高峰期。红蜘蛛以口针刺入叶片，吸取汁液，破坏叶绿素，使叶片失去光合功能，危害严重时，叶片灰色，失去光泽，降低抗寒能力，易导致早期脱落，使次年产量受到影响，也影响树势。

2. 发生规律

上海地区一年发生 16 代，冬季在叶的背面或枝条裂隙中越冬，次年气温上升，5～10 月为危害高峰期。红蜘蛛的危害与降雨、温度等气候条件有一定的关系，气温 20～30℃，最适宜红蜘蛛繁殖，危害加重。

3. 防治方法

（1）加强检查，每叶平均有虫 5～6 头应进行防治。

（2）做好冬季清园，并在冬季翌年萌芽前选喷机油乳剂 100 倍液或波美 0.8～1.0 度石硫合剂。

（3）虫口达到防治指标时可用杀螨剂进行防治或挑治，少用广谱性农药，以保护天敌。

(4) 也可以用24%螨危4 000倍液，5%卡死克1 000倍液，0.8%阿维菌素800倍液，5%尼索朗1 500倍液，1%虫螨光1 500～2 000倍液，9.5%螨即死3 000倍液，34%大杀螨1 500倍液，2.5%高效氟氰菊酯1 000倍液，进行喷杀。

六、天牛

1. 危害症状

上海地区通常是以星天牛（见彩图71）危害为主，成虫于5—9月在树体的叶片或主干基部产卵，在很短时间内孵化成幼虫，即开始钻入皮层蚕食。边食边排泄，使皮层遭破坏，养分不能输送，经幼虫危害的树体，树势衰退。

2. 防治方法

5月开始注意田间检查，扑杀成虫，减少危害基数。当幼虫危害树干，并出现极少量的虫粪时，及时用铁丝钩杀或采取用药水熏杀，采用针筒注射洞内，并堵塞洞口。

七、蜗牛

蜗牛（见彩图54）是柑橘园常见的一种害虫，如不及时防治，常引起大量果实被蚕食，而使产量受到损失。

1. 危害症状（见彩图65）

常见的是蜗牛在柑橘成熟期爬上果实蚕食，吸取果实汁液，导致果实遭受虫口危害，失去商品品质，影响产量。

2. 防治方法

(1) 农业防治。剪除下垂枝，抑制或阻隔蜗牛向上爬行的通道，减少损失。

(2) 药剂防治。选用灭蜗类农药与泥土拌和，撒于地表面，特别是树盘周围，进行毒杀。通常以灭蜗灵或蜗克灵为宜，每亩用量为0.75～1.0 kg。

(3) 生物防治。橘园养鸭，取食蜗牛，是一项有效的防治方法，既能杀死蜗牛，又能获得林下经济收益。有不少地区橘农长期以来用该办法，有良好的效果。

八、锈壁虱

1. 危害症状

柑橘锈壁虱（见彩图64）主要以幼、若螨群集在柑橘的枝、叶、果上危害果皮或叶片背面。锈壁虱危害叶片时，叶片产生古铜色，失去光泽，降低光合作用能力；危害果实时，果实产生灰白色或灰黑色，不能膨大，失去商品价值。浙江黄岩橘农的体会是一年铜三年穷。

2. **发生规律**

锈壁虱以不同的虫期在叶片、枝条上越冬，生殖周期较短，繁殖能力强，世代重叠，一年 20 代，气温平均 25～27℃，相对湿度为 77%～86%，最适宜繁殖。上海地区 5 月份危害新叶，果实危害在 6 月中旬开始，防治水平较差的橘园在 7 月中旬已出现果实明显危害状。早期危害的果实不能膨大，失去商品价值；后期危害则使果面呈现铜色，影响果皮外观，但糖度不减。

3. **防治方法**

（1）加强检查，及时防治，是防治锈壁虱的关键。一旦果面出现黑色状态，就难以治愈。通常是 6 月中旬开始至 9 月上旬，必须经常检查，发现危害症状，及时防治。每园抽查 5～10 株，每株用放大镜检查 10～20 片叶子或果实，平均每叶、果有虫 2～3 只或个别叶、果呈现灰状物时，应立即进行防治。

（2）冬季至早春喷波美 0.8～1.0 度石硫合剂，消灭越冬虫体。盛发期喷波美 0.2～0.3 度石硫合剂。

（3）达到防治指标进行防治或挑治，以杀螨药剂为主，喷药做到细致均匀。

同样可考虑用下列农药防治：20%三唑锡粉剂 1 200～1 500 倍液（嫩芽、嫩梢期禁用），1%虫螨光 2 000 倍液，15%扫螨净 2 000 倍液，24%螨危 4 000 倍液，美生 1 000 倍液，9.5%螨即死 3 000 倍液，也可与矿物油 500 倍液，混后喷雾，防治效果更佳。

九、小黄卷叶蛾（缺素症）

1. **危害症状**

我国的卷叶蛾共有 14 种。上海地区主要是以小黄卷叶蛾为主，是以幼虫危害新梢、嫩芽、嫩叶和幼果，常见的是将数张叶片摄合在一起进行取食。花蕾被蛀食后不能开放；幼果被蛀食后，大量脱落，使产量遭受损失。

2. **防治方法**

根据幼虫危害特点，在谢花期及幼果期喷药效果较好。有效药剂有：80%晶体敌百虫 800 倍液，20%杀灭菊酯 2 000 倍液，20%除虫脲 3 000 倍液，杀螨灵 1 500 倍液，进行交替使用。

技能要求

害虫识别

操作准备：

（1）60～70 m^2 教室。

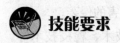

（2）多媒体放映设备（或考生每人一台计算机）。

（3）识别用的害虫图片。

操作步骤：

步骤 1　按所示图片认真审视。

步骤 2　按顺序规范辨别所示图片（见彩图 49 以及彩图 71～彩图 78）。

注意事项：

（1）使用中文名称标准学名。

（2）识别时有错别字算错。

第 3 节　病虫害的综合防治理论

学习目标

熟悉病虫害综合防治理论。

知识要求

园林植物病虫害综合防治技术，包括所有能促进柑橘生长、结果的栽培技术，提高柑橘树的抗病能力，例如合理施肥，增施有机肥，合理控梢和适当挂果，均能达到很好的效果。

生产实践证明，树势健壮，叶色深绿，病虫害发生就少，例如：柑橘树脂病的发生，在很大程度上与树势有关联。

“预防为主，综合防治”是园林植物病虫害防治的基本方针，当然也是柑橘病虫害防治的基本方针。在病虫害发病之前，应以“预防”为主，做到防患于未然；当病虫害已经发生时，则应当加以“控制”，以防其继续蔓延危害。在柑橘病虫害防治中应树立“防重于治”

的观念，只有这样才能使植保工作处于主动地位，保护园林植物免受病虫害的侵袭。

柑橘病虫害防治技术有植物喷雾技术、物理防治技术、生物防治技术、检疫技术等。这些防治技术各有其特点，有的是人为地限制病虫害的传播、蔓延以达到“防”的目的，有的是直接杀灭害虫，也有的是利用害虫在自然界中的天敌控制害虫。实践证明，单独使用任何一种防治方法都不能有效地解决病虫害的问题，因此，实际工作中通常综合运用多种方法，对病虫害进行综合防治。

一、喷雾技术

喷雾技术是化学防治方法之一，选用低毒、高效的农药，直接对树体、叶片或果实喷雾，是柑橘生产上常见的防治方式，能达到有效的防治效果。化学农药防治在病虫害防治中占有重要地位。其具有见效快、效果好、使用方便、受季节性限制小等优点，但其缺点也很明显，使用不当会引起人畜中毒，还可能污染环境，杀伤害虫天敌，使园林植物产生药害，并使某些病菌或害虫产生抗药性。随着生产的发展，柑橘产业水平的整体提高，柑橘标准化生产技术，特别是柑橘病虫害采用绿色防控，是柑橘病虫害防治上的一个重大突破，因而全面推广生物农药，确保商品的安全性、优质性，保护消费者的利益，是生态农业发展和农业环保的标志。

二、人工防治

这里指物理防治，即根据病虫发生的特点，生产上用人为的手段，直接杀死害虫。例如对主干树脂病的刮除，以及天牛的钩杀。

1. 切割树皮

当树脂病危害枝干时，在药剂无效的情况下，进行动用手术，切除患病组织，使病菌感染、蔓延得到有效抑制。

2. 用铁丝进行钩杀

当天牛成虫在树枝上产卵时，应及时扑杀，减少基数，达到事半功倍的作用；在幼虫危害树干时，及时用铁丝进行钩杀。

3. 利用机械或药物诱杀

根据害虫的活动习性，可用机械及药物诱捕的方法进行防治。生产上常见的有依据害虫趋光性或趋化性所设计的机械与药物相结合的诱杀方法。

诱杀法指利用害虫的趋性及其他习性进行诱集，然后加以处理。采用诱杀法时，也可以在诱捕器内设置其他装置，直接杀灭害虫。

(1) 灯光诱杀。利用害虫的趋光性进行诱杀。一般在诱虫灯上设置高压电网或毒瓶来直接杀死害虫。诱杀法目前已广泛应用于园林害虫的预测预报及防治工作中。

（2）诱饵诱集。利用害虫的趋化性引诱其前来并进行捕杀。如利用糖、醋、酒液诱杀小地老虎的成虫。

（3）黄盆诱蚜。利用蚜虫的趋黄习性，设置黄色粘虫板或黄盆来诱集蚜虫。

三、生物防治

生物防治技术可分为狭义和广义两种。狭义的生物防治技术是利用害虫的天敌去防治害虫。随着现代科学技术的发展，生物防治技术的领域不断扩大。广义的生物防治技术指利用某些生物或生物的代谢产物来控制病虫害的发生程度和发生数量，以达到有效降低或控制病虫害的目的。

生物防治的优点是对人、畜安全，对环境污染极少，如果运用得当可对害虫起长期作用。自然界中害虫的天敌种类繁多、数量大，便于利用，可有效降低防治成本。当然，生物防治也有其局限性和缺陷，例如防治效果缓慢，对突发性的虫害不能奏效，天敌的人工繁殖技术要求较高等。如果将生物防治与化学防治及其他防治方法有机结合起来，则可以有效控制病虫害的发生和蔓延。因此，生物防治不失为一种很有发展前途的防治措施，当然也是病虫害综合防治的重要组成部分。

目前已普遍采用的生物防治技术大体可分为昆虫激素、以虫治虫、以菌治虫及其他有益生物的利用等几个方面。

1. 昆虫激素

利用昆虫生长调节剂来防治害虫也是目前应用比较广泛的一种方法。如利用除虫脲、灭幼脲等脲类杀虫剂来杀灭鳞翅目昆虫的幼虫。

2. 以虫治虫

以虫治虫是利用捕食性或寄生性天敌防治害虫的方法。上海地区自然界中园林害虫的天敌种类很多，有蜻蜓、瓢虫、草蛉、食蚜蝇、寄生蜂等，可以加以保护和利用。

（1）捕食性天敌。常见的种类有瓢虫、草蛉、食蚜蝇、食蚜虻、螳螂、步甲、胡蜂等。捕食性昆虫一生一般要捕食很多昆虫，捕获后直接咬食虫体或刺吸其汁液。

（2）寄生性天敌。大多数种类属膜翅目和双翅目，即寄生蜂和寄生蝇。常见种类包括赤眼蜂、啮小蜂等。寄生性天敌昆虫一般一生仅寄生一个对象，以幼虫寄生于寄主体内或体外，寄主随天敌幼虫的发育而死亡。

3. 以菌治虫

以菌治虫指利用昆虫病原微生物或其代谢产物来防治害虫。近现代以来，人们对微生物的研究发展很快，多数产品已达到规模化生产，并取得了良好的防治效果。病原微生物的种类很多，主要包括细菌、真菌和病毒 3 大类。

（1）细菌。已知的昆虫病原细菌有 90 多种，目前应用最广泛的是芽孢杆菌。这类细菌在生长或培养过程中菌体能够形成芽孢和伴孢晶体（一种蛋白质毒素），对害虫具有很强的毒性，害虫吞食后，可以破坏虫体的肠道。芽孢杆菌对苏云金杆菌鳞翅目害虫的幼虫毒性最强，目前生产上使用的灭蛾灵、苏力保、“Bt”乳剂等，可用来防治刺蛾、天蛾、蓑蛾、尺蛾等害虫。芽孢杆菌对天敌昆虫如草蛉、瓢虫等无害，而且不污染环境。

（2）真菌。真菌通过害虫的体壁侵入虫体，大量增殖，并以菌丝穿出体壁，最终使害虫死亡。目前应用较广泛的有白僵菌、绿僵菌等。

（3）病毒。昆虫病毒有核型多角体病毒、质型多角体病毒和颗粒体病毒等。昆虫通过取食带有病毒的食物等方式感染病毒。病毒施用后可扩大感染，在害虫群体内造成流行病；病毒还可以在虫体内潜伏，传至下一代。

4. 其他有益动物的利用

自然界中广泛存在有鸟类、爬行类、两栖类、蜘蛛及捕食螨等多种园林害虫的捕食者。上海崇明绿华地区的橘农，还采取橘园养鸭来捕捉蜗牛，具有良好的效果。

四、植物检疫

植物检疫是由国家颁布的具有法律效力的植物检疫法规，并建立专门机构进行工作，目的在于禁止或限制危险性病、虫、杂草人为地进行传播蔓延。它是“预防为主，综合防治”方针的具体体现。近几年来，随着绿化事业的不断发展，一个地区本地的花卉、苗木的供应已远远不能满足社会的需要，因此，各种花卉、苗木的异地调拨越来越频繁。这也为病虫害的传播蔓延创造了有利条件，如果不能及时采取措施，就很可能造成各种病虫害的人为传播，引起病虫害的大发生。因此，在苗木调运的过程中进行严格的植物检疫工作是十分必要的。

第 4 节　农药配制与喷施

学习目标

熟悉农药配制。

掌握橘树药液喷施方法。

知识要求

一、农药配制

1. 计算

农药用药量＝单位面积农药制剂用量（克/市亩）×施药面积（市亩）

2. 量取

一般农药特别是一些超高效农药，使用量少，所以量取要精确。

液体药剂，如乳油、悬浮剂、微乳剂等一般要求要用带刻度的量具进行量取。瓶盖量取不准，容易将药水洒在外面，污染环境，伤人。

固体一般要用秤精确称重。

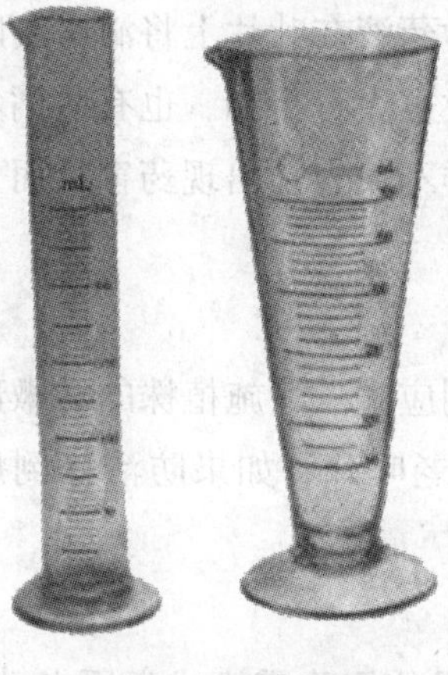

图 5—1　农药量杯

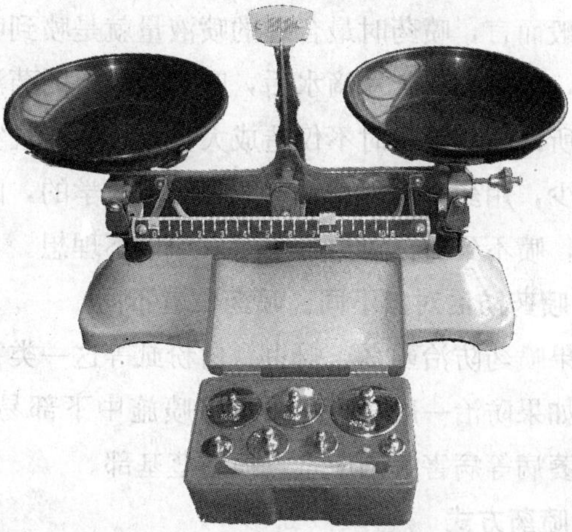

图 5—2　天平秤（称固体药剂）

3. 混合

（1）第一步先加少量的水。

（2）再加入所需药量，搅拌均匀。

（3）再按稀释倍数加足水量，搅拌均匀待用。

（4）几种农药混用的加一种药混匀后加入另一种药再次混匀，最后再加足水量，这样可以避免药剂之间因相互作用而影响药效。

（5）一些用量少的液剂或湿性粉剂等需先配成母液，再进行二次稀释使用。

二、正确喷施农药

1. 喷雾器与喷头的选择

有些已经使用多年的喷雾器已经达不到喷雾的要求，仍旧使用，达不到发挥药效的作用。要根据施药作物和方式选择喷头，不能一概用一种喷头施用不同的农药。

2. 喷药时机的把握

有些橘农习惯于三天或四天喷一次药，以为这样就可以高枕无忧。事实上，这种方法是非常错误的，不仅成本提高，而且这样用药特别容易引起害虫抗药性的迅速提高，以致大发生时无法控制。合理的方法是在害虫发生初期用药，病害则建议定期喷保护性杀菌剂，如代森锰锌、百菌清、甲基硫菌灵等。病害发生初期则根据病害种类采取对症的治疗性杀菌剂，如霜霉病、疫病用烯酰吗啉、甲霜灵，细菌性角斑用一些铜制剂等。

3. 喷液量并非越多越好

一般而言，喷药时最合理的喷液量就是喷到叶面湿润而又刚好不滴水为最佳。科学试验表明，如果喷到叶片滴水后，叶片上残留的药液量仅为药液在叶片上将滴未滴时的一半左右，所以喷到滴水时不仅造成大量浪费，而且实际防效也大打折扣。也有些橘农习惯喷药液很少，用药浓度很高，这样也是不科学的，因为这样不仅容易出现药害，而且漏喷现象严重，喷不到目标对象，防治效果也不理想。

4. 喷药防治对象不同，喷药位置不同

如果喷药防治蓟马、蚜虫、白粉虱等这一类害虫，则应重点喷施植株的幼嫩部位或中上部；如果防治一般病害，则重点喷施中下部易发病的老叶片；如果防治猝倒病、立枯病、枯萎病等病害，则应重点喷施茎基部。

5. 喷药方式

如果使用手动喷雾器，则最好正对着叶片喷雾。如果使用弥雾机或高压电动喷雾器，则应朝着植株上面平行向前喷雾，因为正对植物喷雾，反而会有很多药液喷到地面，造成浪费。喷杀虫、杀菌剂一般是人站在上风口，喷前侧或只是喷左侧或右侧；而喷除草剂尤其是地面封闭型除草剂一般是倒行喷雾，以免破坏药膜。

三、用药注意事项

1. 用于配药的水要干净，未被污染。
2. 配药地点应远离住宅、牲畜、水源。
3. 配制时戴好手套、帽子、口罩等防护用品。
4. 用后剩余的农药须密封在原包装内。

5. 喷药时注意天气、风向，不能逆风喷施。

6. 药液一定要现配现用。

7. 要在农药安全间隔期内喷施。

8. 施药现场禁烟禁食。

9. 施药完毕洗具洗身。

测试题

一、单项选择题（选择一个正确的答案，将相应的字母填入题内的括号中）

1. 柑橘树脂病是由（　）引起的病害，它容易侵害弱势组织以及衰弱、冻害树。防治方法主要有：选择优良品种，合理增施有机肥，加强病虫害防治，适量挂果，适时采收，总之，增强树势是抵抗树脂病的关键措施。

（A）真菌　（B）细菌　（C）病毒　（D）类病毒

2. 柑橘树脂病是由真菌引起的病害，它容易侵害弱势组织以及衰弱、冻害树。防治方法主要有：（　）合理增施有机肥，加强病虫害防治，适量挂果，适时采收，总之，增强树势是抵抗树脂病的关键措施。

（A）选择优良品种　（B）抗旱

（C）防涝　（D）防冻

3. 柑橘树脂病是由真菌引起的病害，它容易侵害弱势组织以及衰弱、冻害树。防治方法主要有：选择优良品种，（　），加强病虫害防治，适量挂果，适时采收，总之，增强树势是抵抗树脂病的关键措施。

（A）合理增施有机肥　（B）抗旱

（C）防涝　（D）防冻

4. 柑橘树脂病是由真菌引起的病害，它容易侵害弱势组织以及衰弱、冻害树。防治方法主要有：选择优良品种，合理增施有机肥，加强病虫害防治，（　）、适时采收，总之，增强树势是抵抗树脂病的关键措施。

（A）适量挂果　（B）抗旱　（C）防涝　（D）防冻

5. 疮痂病是柑橘产区的主要病害之一，以侵染（　）为主。发病后可引起柑橘大量落果、降低品质，使产量遭受损失。药剂防治可选用10%博邦、80%美生、8%宁南霉素等。

（A）根基部　（B）老叶

（C）幼嫩组织、幼果　（D）枝干

6. 疮痂病是柑橘产区的主要病害之一，以侵染幼嫩组织、幼果为主。发病后可引起柑橘（　　）、降低品质，使产量遭受损失。药剂防治可选用10%博邦、80%美生、8%宁南霉素等。

（A）少量落果　　（B）大量落果　　（C）少量结果　　（D）大量结果

7. 疮痂病是柑橘产区的主要病害之一，以侵染幼嫩组织、幼果为主。发病后可引起柑橘大量落果、（　　），使产量遭受损失。药剂防治可选用10%博邦、80%美生、8%宁南霉素等。

（A）降低品质　　（B）提高品质　　（C）保持品质　　（D）优化品质

8. 疮痂病是柑橘产区的主要病害之一，以侵染幼嫩组织、幼果为主。发病后可引起柑橘大量落果、降低品质，使产量遭受损失。药剂防治可选用（　　）。

（A）2.5%功夫　　（B）3%触破

（C）25%扑虱灵　　（D）10%博邦、8%宁南霉素等

9. 煤烟病感病后可使果实表面呈（　　），影响光合作用，从而导致树势衰弱，降低果实品质。它的发生是由蚜虫、介壳虫、粉虱的危害引起。防治药剂有2%噻虫啉1 000倍液、10%吡虫啉1 000倍液、20%松脂酸钠80～100倍液。

（A）灰霉状　　（B）红粉状　　（C）白粉状　　（D）绿粉状

10. 煤烟病感病后可使果实表面呈灰霉状，影响光合作用，从而导致树势衰弱，降低果实品质。它的发生是由蚜虫、（　　）、粉虱的危害引起。防治药剂有2%噻虫啉1 000倍液、10%吡虫啉1 000倍液、20%松脂酸钠80～100倍液。

（A）红蜘蛛　　（B）介壳虫　　（C）潜叶蛾　　（D）锈壁虱

11. 煤烟病感病后可使果实表面呈灰霉状，影响光合作用，从而导致树势衰弱，降低果实品质。它的发生是由蚜虫、介壳虫、粉虱的危害引起。防治药剂有（　　）、10%吡虫啉1 000倍液、20%松脂酸钠80～100倍液。

（A）80%美生　　（B）2%噻虫啉1 000倍液

（C）博邦5　　（D）8%宁南霉素

12. 煤烟病感病后可使果实表面呈灰霉状，影响（　　），从而导致树势衰弱，降低果实品质。它的发生是由蚜虫、介壳虫、粉虱的危害引起。防治药剂有2%噻虫啉1 000倍液、10%吡虫啉1 000倍液、20%松脂酸钠80～100倍液。

（A）吸肥能力　　（B）抗寒能力　　（C）光合作用　　（D）输送作用

13. 柑橘树体或果实产生不正常的黄化，可导致叶片（　　）效果降低，树体衰弱，果实品质降低，失去商品经济价值。

（A）光合作用　　（B）营养成分　　（C）吸水功能　　（D）吸肥功能

14. 柑橘树体或果实产生不正常的黄化，可导致叶片光合作用（　　），树体衰弱，果实品质降低，失去商品经济价值。

(A) 效果降低　(B) 效果平衡　(C) 效果上升　(D) 效果增强

15. 柑橘树体或果实产生不正常的黄化，可导致叶片光合作用效果降低，（　　），果实品质降低，失去商品经济价值。

(A) 树体增强　(B) 树体正常生长　(C) 树体衰弱　(D) 树体旺盛

16. 柑橘树体或果实产生不正常的黄化，可导致叶片光合作用效果降低，树体衰弱，果实（　　），失去商品经济价值。

(A) 品质提高　(B) 品质一般　(C) 品质降低　(D) 品质上乘

17. 锈壁虱危害叶片，叶片产生（　　），失去光泽，降低光合作用能力；危害果实，果实产生灰白色或灰黑色，使果实不能膨大，失去商品价值。

(A) 古铜色　(B) 青铜色　(C) 粉红色　(D) 墨绿色

18. 锈壁虱危害叶片，叶片产生古铜色，失去光泽，（　　）作用能力；危害果实，果实产生灰白色或灰黑色，使果实不能膨大，失去商品价值。

(A) 减少　(B) 增强　(C) 提高　(D) 降低

19. 锈壁虱危害叶片，叶片产生古铜色，失去光泽，降低光合作用能力；危害（　　），果实产生灰白色或灰黑色，使果实不能膨大，失去商品价值。

(A) 地下根　(B) 枝干　(C) 果实　(D) 花蕾

20. 锈壁虱危害叶片，叶片产生古铜色，失去光泽，降低光合作用能力；危害果实，果实产生灰白色或灰黑色，使果实（　　），失去商品价值。

(A) 不能膨大　(B) 迅速脱落　(C) 停止生长　(D) 变形

21. 红蜘蛛以口针刺入（　　），吸取汁液，破坏叶绿素，使叶片出现早期脱落。上海地区一年发生 16 代，冬季越冬在叶子背面枝条裂缝中越冬，高峰危害在 5—10 月份，适宜繁殖气温是 20～30℃。防治的理想农药是 24%螨危 4 000 倍液。

(A) 叶片　(B) 果实　(C) 枝条　(D) 根茎

22. 红蜘蛛以口针刺入叶片，吸取汁液，破坏叶绿素，使叶片出现早期脱落。上海地区一年发生（　　），冬季越冬在叶子背面枝条裂缝中越冬，高峰危害在 5—10 月，适宜繁殖气温是 20～30℃。防治的理想农药是 24%螨危 4 000 倍液。

(A) 10 代　(B) 16 代　(C) 20 代　(D) 24 代

23. 红蜘蛛以口针刺入叶片，吸取汁液，破坏叶绿素，使叶片出现早期脱落。上海地区一年发生 16 代，冬季越冬在叶子背面枝条裂缝中越冬，高峰危害在 5—10 月，适宜繁殖气温是 20～30℃。防治的理想农药是（　　）。

（A）2.5%氯氟氰菊酯　　（B）80%代森锰锌

（C）24%螨危 4 000 倍液　　（D）25%灭幼脲

24. 红蜘蛛以口针刺入叶片，吸取汁液，破坏叶绿素，使叶片出现早期脱落。上海地区一年发生 16 代，冬季越冬在叶子背面枝条裂缝中越冬，高峰危害在 5—10 月份，适宜繁殖气温是（　）。防治的理想农药是 24%螨危 4 000 倍液。

（A）5～10℃　（B）15～20℃　（C）20～30℃　（D）35℃以上

25. 介壳虫是柑橘树体的重要害虫之一，危害（　）。红蜡蚧、吹绵蚧以群体聚集于枝条上吸取表皮汁液；糠片蚧、红圆蚧常危害果实表皮，影响果皮外观降低商品品质，并影响树势，导致冬季冻害。

（A）枝条、叶片、果实　　（B）根基部

（C）花　　（D）地下根

26. 介壳虫是柑橘树体的重要害虫之一，危害枝条、叶片、果实。红蜡蚧、吹绵蚧以群体聚集于枝条上吸取表皮汁液；（　）常危害果实表皮，影响果皮外观降低商品品质，并影响树势，导致冬季冻害。

（A）蜗牛　　（B）糠片蚧、红圆蚧

（C）尺蠖　　（D）天牛

27. 介壳虫是柑橘树体的重要害虫之一，危害枝条、叶片、果实。（　）以群体聚集于枝条上吸取表皮汁液；糠片蚧、红圆蚧常危害果实表皮，影响果皮外观降低商品品质，并影响树势，导致冬季冻害。

（A）红蜡蚧、吹绵蚧　　（B）蚜虫

（C）黑蚱蝉　　（D）凤蝶

28. 介壳虫是柑橘树体的重要害虫之一，危害枝条、叶片、果实。红蜡蚧、吹绵蚧以群体聚集于（　）上吸取表皮汁液；糠片蚧、红圆蚧常危害果实表皮，影响果皮外观降低商品品质，并影响树势，导致冬季冻害。

（A）果实　（B）果皮　（C）枝条　（D）叶片

29. 小黄卷叶蛾危害（　），常见的是将数张叶片撮合在一起进行取食。幼果被蛀食后大量脱落，使产量遭受损失。

（A）新梢、嫩叶、嫩芽、幼果　　（B）老叶

（C）枝条　　（D）树干

30. 小黄卷叶蛾危害新梢、嫩叶、嫩芽、幼果，常见的是将（　）撮合在一起进行取食。幼果被蛀食后大量脱落，使产量遭受损失。

（A）数个果实　（B）数个花朵　（C）数张叶片　（D）数根枝条

31. 小黄卷叶蛾危害新梢、嫩叶、嫩芽、幼果，常见的是将数张叶片撮合在一起进行取食。（　　）被蛀食后大量脱落，使产量遭受损失。

(A) 嫩叶　(B) 幼果　(C) 新梢　(D) 嫩芽

32.（　）危害新梢、嫩叶、嫩芽、幼果，常见的是将数张叶片撮合在一起进行取食。幼果被蛀食后大量脱落，使产量遭受损失。

(A) 小黄卷叶蛾　(B) 天牛　(C) 金龟子　(D) 地老虎

33. 潜叶蛾危害柑橘（　　），叶片危害严重时，产生卷叶，使叶片畸形，不能进行光合作用，并容易遭受冻害。通常在8月上中旬为最佳用药期，连续用药2～3次有很好的防治效果。

(A) 老叶　(B) 嫩叶及果皮　(C) 枝条　(D) 树干

34. 潜叶蛾危害柑橘嫩叶及果皮，叶片危害严重时，产生卷叶，使叶片畸形，不能进行光合作用，并容易遭受冻害。通常在（　　）为最佳用药期，连续用药2～3次有很好的防治效果。

(A) 7月上旬　(B) 7月中旬　(C) 7月下旬　(D) 8月上中旬

35. 潜叶蛾危害柑橘嫩叶及果皮，叶片危害严重时，产生卷叶，使叶片畸形，不能进行光合作用，并容易遭受冻害。通常在8月上中旬为最佳用药期，连续用药（　　）有很好的防治效果。

(A) 1次　(B) 2～3次　(C) 5次　(D) 6次

36. 潜叶蛾危害柑橘嫩叶及果皮，叶片危害严重时，产生卷叶，使叶片（　　），不能进行光合作用，并容易遭受冻害。通常在8月上旬为最佳用药期，连续用药2～3次有很好的防治效果。

(A) 畸形　(B) 脱落　(C) 枯萎　(D) 变薄

37. 上海地区通常是以（　　）危害为主，成虫于5—6月份在树体的主干基部产卵，在很短时间内孵化成幼虫，后即开始钻破皮层进入木质层蚕食。边食边排泄，使皮层遭破坏，养分不能输送，经幼虫危害的树体树势衰退。

(A) 星天牛　(B) 光盾绿天牛　(C) 褐天牛　(D) 红颈天牛

38. 上海地区通常是以星天牛危害为主，成虫于5—6月份在树体的主干（　　）产卵，在很短时间内孵化成幼虫，即开始钻破皮层进入木质层蚕食。边食边排泄，使皮层遭破坏，养分不能输送，经幼虫危害的树体树势衰退。

(A) 叶片　(B) 基部　(C) 花朵　(D) 节间

39. 上海地区通常是以星天牛危害为主，成虫于（　　）在树体的主干基部产卵，在很短时间内孵化成幼虫，即开始钻破皮层进入木质层蚕食。边食边排泄，使皮层遭破坏，养分不能输送，经幼虫危害的树体树势衰退。

(A) 3—4月份　(B) 5—6月份　(C) 7—8月份　(D) 9—10月份

40. 上海地区通常是以星天牛危害为主，成虫于5—6月份在树体的主干基部产卵，在很短时间内孵化成幼虫，即开始钻破皮层进入（　）蚕食。边食边排泄，使皮层和木质层遭破坏，养分不能输送，经幼虫危害的树体树势衰退。

(A) 根系　(B) 叶片　(C) 木质层　(D) 果实

41.（　）是柑橘园常见的一种害虫，如不及时防治，常引起大量果实被害而使产量受到损失。对其可采取农业防治、生物防治、药剂防治。

(A) 蜗牛　(B) 叶蝉　(C) 天牛　(D) 金龟子

42. 蜗牛是柑橘园常见的一种害虫，如不及时防治，常引起大量（　）被害而使产量受到损失。对其可采取农业防治、生物防治、药剂防治。

(A) 叶片　(B) 果实　(C) 花蕾　(D) 枝条

43. 蜗牛是柑橘园常见的一种害虫，如不及时防治，常引起大量果实被害而使产量受到损失。对其可采取农业防治、（　）、药剂防治。

(A) 经常检查　(B) 人工捕捉　(C) 生物防治　(D) 熏杀

44. 蜗牛是柑橘园常见的一种害虫，如不及时防治，常引起大量果实被害而使产量受到损失。对其可采取农业防治、生物防治、（　）防治。

(A) 药剂　(B) 助剂　(C) 赤霉素　(D) 天敌

45. 柑橘蚜虫主要在嫩梢期危害（　），使叶片卷曲，呈水油渍状，严重时叶片萎缩，失去功能。

(A) 嫩叶　(B) 老叶　(C) 枝梢　(D) 幼果

46. 柑橘蚜虫主要在嫩梢期危害嫩叶，使叶片（　），呈水油渍状，严重时叶片萎缩，失去功能。

(A) 脱落　(B) 卷曲　(C) 失去光合作用　(D) 停止生长

47. 柑橘蚜虫主要在嫩梢期危害嫩叶，使叶片卷曲，呈水油渍状，严重时叶片（　），失去功能。

(A) 枯死　(B) 脱落　(C) 停止生长　(D) 萎缩

48. 柑橘蚜虫主要在嫩梢期危害嫩叶，使叶片卷曲，呈水油渍状，严重时叶片萎缩，失去（　）

(A) 药效　(B) 水分　(C) 功能　(D) 养分

49. 农业综合防治技术包括所有能促进柑橘生长、结果的栽培技术，例如：（　），增施有机肥，合理控梢，适当挂果，及时防治病虫害。

(A) 合理施肥　(B) 合理灌水　(C) 合理疏删　(D) 合理整枝

50. 农业综合防治技术包括所有能促进柑橘生长、结果的栽培技术，例如：合理施肥，(　　)，合理控梢，适当挂果，及时防治病虫害。

(A) 减少化肥用量　(B) 增施有机肥
(C) 追施氮肥　(D) 减少施肥总量

51. 农业综合防治技术包括所有能促进柑橘生长、结果的栽培技术，例如：合理施肥，增施有机肥，合理控梢，(　　)，及时防治病虫害。

(A) 提前采收　(B) 完熟采收　(C) 及时疏果　(D) 适当挂果

52. 农业综合防治技术包括所有能促进柑橘生长、结果的栽培技术，例如：合理施肥，增施有机肥，合理控梢，适当挂果，(　　)。

(A) 及时测报　(B) 及时灌水
(C) 及时修剪　(D) 及时防治病虫害

53. 人工防治：根据病虫发生的特点，生产上用人为的手段，直接操作杀死害虫。例如：(　　)，天牛幼虫的钩杀、成虫的捕捉，树皮的环割等。

(A) 树脂病喷药防治　(B) 树脂病的刮除
(C) 树脂病涂药防治　(D) 开通排水沟

54. 人工防治：根据病虫发生的特点，生产上用人为的手段，直接操作杀死害虫等。例如：树脂病的刮除，(　　)、成虫的捕捉，树皮的环割等。

(A) 天牛幼虫的钩杀　(B) 喷药防治
(C) 涂药防治　(D) 暴雨冲刷

二、技能测试题

橘园农药配制与喷施

操作条件：

(1) 橘园 50 m^2。

(2) 常规农药（可以替代）1 瓶（50 mL）。

(3) 塑料桶 1 个。

(4) 打药桶 1 个。

(5) 塑料手套、口罩、卫生塑衣各 1 套。

操作内容：

(1) 按要求配制农药。

(2) 按要求喷施农药。

测试题答案及评分表

一、单项选择题

1. A　2. A　3. A　4. A　5. C　6. B　7. A　8. D　9. A　10. B
11. B　12. C　13. A　14. A　15. C　16. C　17. A　18. D　19. C
20. A　21. A　22. B　23. C　24. C　25. A　26. B　27. A　28. C
29. A　30. C　31. B　32. A　33. B　34. D　35. B　36. A　37. A
38. B　39. B　40. C　41. A　42. B　43. C　44. A　45. A　46. B
47. D　48. C　49. A　50. B　51. D　52. D　53. B　54. A

二、技能测试题

评分表

试题代码及名称		3.4 橘园农药配置与喷施		答题时间（min）	20
编号	评分要素	配分	分值	评分标准	实际得分
1	防护用具穿戴	3	1	卫生塑衣穿戴得满分，不穿戴扣 1 分	
			1	口罩穿戴正确得满分，不穿戴扣 1 分	
			1	手套穿戴正确得满分，否则扣 1 分	
2	农药浓度配比	8	5	浓度配比正确得满分，否则扣 5 分	
			3	顺时针搅拌得满分，否则扣 3 分	
3	倒入打药桶	2	1	倒入打药桶时无大量农药流失者满分，否则扣 1 分	
			1	倒入农药后，盖口拧紧得满分，否则扣 1 分	
4	农药喷施	7	4	喷施位置站在上风口者满分，否则扣 4 分	
			3	喷施时树叶正反面都喷到者满分，否则扣 3 分	
合计配分		20			

第 6 章

柑橘果实采收、储藏

学习目标

了解柑橘采收时期的相关知识。

知道柑橘果实采收方式。

掌握柑橘剪果技术。

知识要求

一、采收

1. 采收时期

柑橘采收时期，视不同品种，不同树龄及不同树势的成熟期而有所差异，采收时期是否恰当，将直接导致产品效益发生变化。

适时采收，保证采收质量供储柑橘应在八成熟、果皮有2/3转黄时，分期分批采收，切忌一次将果全部采下混装。在湘中，中熟温州蜜柑一般在10月下旬，椪柑及甜橙在11月中旬采果储藏。据研究，未成熟果实体积增大的速度每天可达1%～1.5%，采收偏早影响产量和品质，在储藏过程中还易失水萎蔫；采收过迟，增加落果率，宽皮橘类易形成浮皮果，甜橙则易发生青、绿霉病，不耐储藏。

通常情况下，上海地区温州蜜柑早熟品系成熟期在10月中旬开始，特早熟系在9月下旬，中熟品系在11月上旬，但根据树龄、树势及栽培水平的不同，其果实的成熟期也有差异。树龄大，结果量多，成熟期就早些；相反，生长结果树因树势强，结果量少，果实生长持续期长，成熟期就推迟。

栽培管理得当，土壤条件好，产量稳定，成熟期也正常；而管理粗放，肥培水平差，就容易导致树势衰弱，果实过早，结果成熟异常，并会影响安全越冬。

另外，用于出口或远销的，采收期应适当提早；而就近鲜销的，果实的成熟达到一定标准时，应适宜采收。

2. 采收方式

(1) 分批采收。分批采收的优点是极有利于树势恢复，有利于安全过冬，树体适应性好，成熟度相对一致，销售价格也高。

(2) 一次性采收。将产品一次性采收完毕，是长期以来柑橘产区常采取的一种方式。其优点是省精力，并能及时进行采后培管；缺点是大年树果量多，一次性采完将使树体失水严重，引起叶片卷曲，如不及时加强采后管理，将会产生因树体失水衰弱，冬季易遭受冻害。

3. 剪果技术

（1）选择晴好天气，在露水干后进行采收。

（2）剪果剪需使用专用剪果剪，锋利、合缝、轻便、耐用。

（3）剪果人员指甲要剪平，必要时穿戴手套，防止损伤果皮。

（4）对较高的结果枝条，采取二刀剪果法（一手托果，一手持剪，第一剪离果蒂1 cm 处剪下果实，第二剪齐果蒂剪平），使果柄桩平滑。不要直接拉摘，防止伤及果品。

（5）剪果箱或果篮大小适中，内壁宜柔软，尽量减少机械损伤。

（6）轻装轻放，小心搬运。

柑橘储藏要选择中、晚熟（10 月下旬至 12 月上旬）品种，在晴天或阴天露水干后采果。如遇大雨，最好连晴 3—4 天后再采，采下的果实不要露天堆放过夜，以减少果实腐烂。

二、储藏

1. 储藏时间

储藏用的甜橙、橘、柚等，宜在果实基本转色时采收，较耐储藏；如果是完全成熟或过熟采收，储藏中则易发生枯水，腐烂也严重，特别是采用塑料膜包装的果实，更宜适当早采，但采收过早也不好，不但风味淡、偏酸，而且因果皮未发育完善，容易失水萎缩。柠檬则宜在略呈淡黄绿色时采收，具体采收时期应根据各地条件掌握，一般在 10 月下旬至 11 月上旬采收，上海地区应稍早一点。

采收柑橘应在晨雾或露水干后进行，阴雨天或雨后果面水滴未干时不宜采收。同时果实入窖（库）储藏以前，应严格选果，剔除碰伤、压伤、油胞伤、无果蒂、有萼片无果梗、重度介壳虫或锈壁虱危害果和小果，否则易在短期内腐烂或严重失水萎缩。

2. 储前处理

（1）环境消毒，杀虫灭鼠。储藏柑橘可因地因人制宜，采用冷库、机械通风储藏库或未曾装过农药、化肥、酒类等有异味物质的普通仓库（民房）、土窖以及较大的缸、坛、桶、箱等均可。储果前 5～10 天，对储藏场所用盛果器具用硫黄密封熏蒸消毒 24 h（10 g/m^3），或均匀喷洒 200 倍托布津加 200 倍氧化乐果，通风至无气味密闭待用，防止储藏环境中的害虫及病菌侵害果实。同时，还要采取堵鼠洞、食饵诱杀等措施防止鼠害。

（2）采收后挑选中等大小（横径 55～70 mm）的果实，并在 3 天内，尽早用0.04%～0.1%高锰酸钾或 1%～4%食盐或 1%漂白粉或小苏打或 0.2%～0.4%硼砂或 0.02%～0.05%乳酸或 0.1%～0.2%托布津与 0.025%2，4-D 的混合液浸果 3～5 s，使整个果实沾湿药液，取出后放在阴凉通风处晾干，使之“发汗”3～5 天，当手按果皮略有弹性时，剔除病、虫、伤果及腐烂果，即可入库储藏。

3. 柑橘果实储藏方式

柑橘果实储藏有多种方式，一般按温度条件分两大类，即自然冷却储藏和人工冷却储藏。自然冷却储藏是利用大多数柑橘品种采收后正临自然气温下降的气候条件来进行储藏，如沟藏、窖藏、缸藏、通风储藏、冻藏等。这类储藏方式，不需特殊的机械设备，农家简易储藏多采用此法。人工冷却储藏则需装备各种形式的机械冷却装置，以及利用降温设备并配合空气成分调节装置，来达到保持低温或适宜气体成分的目的。这种储藏方式不受自然温湿度的限制，可以较长时期地进行储藏，但设备投资和储藏费用比较大。这里只介绍几种农家简易储藏法。

(1) 缸藏。以内壁未上釉的新缸为好，每缸储量以 25 kg 为宜。储前将缸洗净、晒干，然后将经预储的果实用纸或保鲜薄膜袋单果包装后，分层排于缸内，装好后置阴凉室内，先用干净布覆盖 7～10 天，然后盖上木盖储藏。

(2) 松针储藏。储藏容器可采用缸、坛、箱，也可直接在室内地面上储藏。于晴天采摘无病虫害松针，先在已准备好的容器内铺垫一层，再一层果实一层松针排放。一般排放 9～10 层，每层松针厚 2～3 cm，最上层厚 5 cm。

(3) 砂藏。选择通风、隔热性好的房间作储藏室。储藏前先将房间打扫干净，关闭门窗，用二氧化硫熏蒸消毒。每 100 m^3 容积燃烧硫黄 3 kg，48 h 后打开门窗通风 2～3 天。也可用 40%福尔马林 40 倍液喷洒室内，密闭 24 h 消毒。将湿润、洁净河砂置于室内，底层垫 10～20 cm 厚，将已预储果实分层排放 3～5 层，一层果实覆盖一层河砂，厚度以看不见果皮为准。

4. 储藏期间的管理

柑橘虽然无呼吸跃变期，但果实采收后仍是一个有生命的活体，应尽量保持低温。用通风窖（库）储藏时，维持 4～12℃的窖温，同时控制库内一天之中的温差不超过 0.5～2℃，柠檬则可提高 1～2℃。另外，湿度对柑橘果实腐烂和失重影响也很大，湿度大，腐烂重；湿度过低，果实又易萎蔫、失重。果实在通风库内储藏，因水分蒸发和营养物质消耗所失去的重量是：甜橙、柠檬储藏 5 个月失重 15%～20%，橘储藏 2 个月失重 5%～10%，但用塑料薄膜包裹能使甜橙失重率降低到 2%～4%。由此可见，果实因失水而造成高失重率，故在储藏过程中要控制好湿度，通常入库初期（2～3 周内），需加大通风，使相对湿度保持 85%～90%即可，以抑制初入库的受伤果实因伤口感染而造成的绿霉病腐烂，以后则可维持 90%～95%的相对湿度。

5. 病害及其防治

柑橘在储藏中的烂果损失，都是因病菌侵害而引起的，其中主要有绿霉病、蒂腐病、黑腐病和炭疽病4种，特别是在入库初期，会引起大量水烂的绿霉病（轻的局部水烂，俗称水眼；重的果面布满绿霉，俗称霉沱）。另外，在整个储藏期引起果面褐色斑泡的炭疽病，也都是由果皮的伤口处侵入危害的。采收后及时用2，4—D液沾湿柑橘果蒂，能长期保持果蒂新鲜，可增强果实对蒂腐病（俗称穿心病）和黑腐病侵染危害的抵抗力，同时也能减少绿霉病和炭疽病侵害果实的机会，可以大大降低储藏中的腐烂损耗。

2，4—D液处理的方法很多，用喷雾器喷洒、排刷沾湿药液刷或用棉花浸药剂放在碗中沾果。总之，只要能用2，4—D液沾湿果蒂部分就行了。另外，也可以在采果前2～4周，用浓度为1×10^{-6}的2，4—D液进行树上喷洒一次，喷药时着重喷果实，特别要注意喷湿果蒂。若采前和采后两次喷射，则减少柑橘果实储藏腐烂的效果更突出，但采前用2，4—D液处理要避免药液对田间作物的危害。

测试题

一、单项选择题（选择一个正确的答案，将相应的字母填入题内的括号中）

1. 柑橘采收时期，视不同品种、不同树龄、不同树势的成熟期而有所差异，采收时期恰当与否，将直接导致产品效益发生变化。（ ）成熟期在9月下旬开始，早熟品系成熟期在10月中旬开始，中熟品系在11月上旬，但树龄、树势、栽培水平不同果实的成熟期也有差异。

(A) 特早熟系　(B) 早熟品系　(C) 中熟品系　(D) 晚熟品系

2. 柑橘采收时期，视不同品种、不同树龄、不同树势的成熟期而有所差异，采收时期恰当与否，将直接导致产品效益发生变化。特早熟系成熟期在9月下旬开始，（ ）成熟期在10月中旬开始，中熟品系在11月上旬，但树龄、树势、栽培水平不同果实的成熟期也有差异。

(A) 晚熟品系　(B) 中熟品系　(C) 早熟品系　(D) 特早熟系

3. 柑橘采收时期，视不同品种、不同树龄、不同树势的成熟期而有所差异，采收时期恰当与否，将直接导致产品效益发生变化。特早熟系成熟期在9月下旬开始，早熟品系成熟期在10月中旬开始，（ ）在11月上旬，但树龄、树势、栽培水平不同果实的成熟期也有差异。

(A) 晚熟品系　(B) 中熟品系　(C) 早熟品系　(D) 特早熟系

4. 柑橘采收时期，视不同品种、不同树龄、不同树势的成熟期而有所差异，采收时期恰当与否，将直接导致产品效益发生变化。特早熟系成熟期在9月下旬开始，早熟品系成熟期在10月中旬开始，中熟品系在11月上旬，但树龄、树势、（ ）不同，果实的成熟期也有差异。

（A）栽培水平　（B）施肥技术　（C）用药技术　（D）修剪时间

5. 分批采收的优点是有利于（　），有利于安全越冬，树体适应性好，成熟度相对一致，销售价格也高；一次性采收的优点是省精力，并能及时进行采后管理，缺点是果量多的一次性采收树体失水严重，引起叶片卷曲，冬季易遭冻害。

（A）树势中庸　（B）树势恢复　（C）树势旺盛　（D）树势趋稳

6. 分批采收的优点是有利于树势恢复，有利于（　），树体适应性好，成熟度相对一致，销售价格也高；一次性采收的优点是省精力，并能及时进行采后管理，缺点是果量多的一次性采收树体失水严重，引起叶片卷曲，冬季易遭冻害。

（A）安全越冬　（B）抽发春梢　（C）花芽分化　（D）整形修剪

7. 分批采收的优点是有利于树势恢复，有利于安全越冬，树体适应性好，成熟度相对一致，销售价格也高；一次性采收的优点是省精力，并能及时进行（　），缺点是果量多的一次性采收树体失水严重，引起叶片卷曲，冬季易遭冻害。

（A）整形修剪　（B）采后管理　（C）防病治虫　（D）灌水防冻

8. 分批采收的优点是有利于树势恢复，有利于安全越冬，树体适应性好，成熟度相对一致，销售价格也高；一次性采收的优点是省精力，并能及时进行采后管理，缺点是果量多的一次性采收树体失水严重，引起（　），冬季易遭冻害。

（A）叶片枯萎　（B）叶片脱落　（C）叶片坏死　（D）叶片卷曲

9. 选择（　），在露水干后进行采收。剪果刀要锋利、轻便、耐用。果品要轻装、轻放、轻运。尽量减少机械、人为损伤。

（A）晴好天气　（B）成熟田块　（C）特早品种　（D）采摘人员

10. 选择晴好天气，在露水干后进行采收。剪果刀要（　）、轻便、耐用。果品要轻装、轻放、轻运。尽量减少机械、人为损伤。

（A）轻巧　（B）锋利　（C）合缝　（D）坚固

11. 选择晴好天气，在露水干后进行采收。剪果刀要锋利、轻便、耐用。（　）要轻装、轻放、轻运。尽量减少机械、人为损伤。

（A）果篮　（B）果品　（C）周转箱　（D）采摘袋

12. 选择晴好天气，在露水干后进行采收。剪果刀要锋利、轻便、耐用。果品要轻装、轻放、轻运。尽量减少机械、人为（　）。

（A）周转　（B）损伤　（C）采摘　（D）操作

13. 销售方式：产地批发，即在产品成熟时，由（　）到产地就地收购，价格波动较大。自销，即农民自己将产品推向市场，优点是随行就市，掌握市场价格信息，争得销售主动权，但是精力消耗大。

(A) 中介经纪人　(B) 村干部　(C) 果品销售商　(D) 合作社

14. 销售方式：产地批发，即在产品成熟时，由果品销售商到产地就地收购，价格波动较大。自销，即农民自己将产品推向市场，优点是（　），掌握市场价格信息，争得销售主动权，但是精力消耗大。

(A) 随行就市　(B) 随机应变　(C) 农户定价　(D) 消费者定价

15. 销售方式：产地批发，即在产品成熟时，由果品销售商到产地就地收购，价格波动较大。自销，即农民自己将产品推向市场，优点是随行就市，掌握市场（　），争得销售主动权，但是精力消耗大。

(A) 价格信息　(B) 动态　(C) 规律　(D) 人员

16. 销售方式：产地批发，即在产品成熟时，由果品销售商到产地就地收购，价格波动较大。自销，即农民自己将产品推向市场，优点是随行就市，掌握市场价格信息，争得（　）主动权，但是精力消耗大。

(A) 商品　(B) 销售　(C) 价格　(D) 交际

17. 冻害原因：树势枝叶（　）、幼年树因过多施用化学氮肥，营养生长嫩旺，叶片内有机质浓度低，低温降临使枝叶易产生冻害。树体衰老，成年树由于土壤质地差，结果量过多，栽培水平低而使树体衰弱，抗寒能力降低导致冻害。

(A) 嫩弱　(B) 虫害　(C) 过密　(D) 过稀

18. 冻害原因：树势枝叶嫩弱、幼年树因过多施用（　），营养生长嫩旺，叶片内有机质浓度低，低温降临使枝叶易产生冻害。树体衰老，成年树由于土壤质地差，结果量过多，栽培水平低而使树体衰弱，抗寒能力降低导致冻害。

(A) 磷钾肥　(B) 化学氮肥　(C) 有机肥　(D) 复合肥

19. 冻害原因：树势枝叶嫩弱、幼年树因过多施用化学氮肥，营养生长嫩旺，叶片内有机质浓度低，低温降临使枝叶易产生冻害。树体衰老，成年树由于土壤质地差，（　）过多，栽培水平低而使树体衰弱，抗寒能力降低导致冻害。

(A) 枝条　(B) 徒长枝　(C) 结果量　(D) 花量

20. 冻害原因：树势枝叶嫩弱、幼年树因过多施用化学氮肥，营养生长嫩旺，叶片内有机质浓度低，低温降临使枝叶易产生冻害。树体衰老，成年树由于土壤质地差，结果量过多，栽培水平低而使树体衰弱，（　）能力降低导致冻害。

(A) 抗病　(B) 抗寒　(C) 抗风　(D) 抗旱

21. 如果低温时间长，超过（　），突破叶片的抗寒力以及忍耐界限，就产生冻害。低温时间短气温回升快，冻害程度就轻。

（A）半天　　　（B）1天　　　（C）2天　　　（D）3天

22. 如果低温时间长，超过3天，突破（　　）的抗寒力以及忍耐界限，就产生冻害。低温时间短气温回升快，冻害程度就轻。

（A）枝条　　　（B）叶片　　　（C）根系　　　（D）树干

23. 如果低温时间长，超过3天，突破叶片的抗寒力以及忍耐界限，就产生（　　）。低温时间短气温回升快，冻害程度就轻。

（A）冻死　　　（B）冻害　　　（C）落叶　　　（D）失水

24. 如果低温时间长，超过3天，突破叶片的抗寒力以及忍耐界限，就产生冻害。低温时间短（　　）回升快，冻害程度就轻。

（A）气温　　　（B）气候　　　（C）低温　　　（D）水分

25. 土壤质地不好、放梢过迟、插种、（　　）不当；在秋季施用过多的化学氮肥，有机肥施入少，或施肥的时间、数量没有正确掌握，就会产生树体不良反应。突出表现是枝条嫩弱、叶片薄，容易遭受冻害。

（A）用药　　　（B）施肥　　　（C）修剪　　　（D）培土

测试题答案

1. A　2. C　3. B　4. A　5. B　6. A　7. B　8. D　9. A　10. B
11. B　12. B　13. C　14. A　15. A　16. B　17. A　18. B　19. C
20. B　21. D　22. B　23. B　24. A　25. B

理论知识考试模拟试卷

柑橘栽培（专项能力）理论知识试卷

注 意 事 项

1. 考试时间：90 min。
2. 请首先按要求在试卷的标封处填写您的姓名、准考证号和所在单位的名称。
3. 请仔细阅读各种题目的回答要求，在规定的位置填写您的答案。
4. 不要在试卷上乱写乱画，不要在标封区填写无关的内容。

	一	二	总 分
得 分			
评分人			

单项选择题（第1～100题。选择一个正确的答案，将相应的字母填入括号内。每题1分，满分100分。）

1. 世界上栽培柑橘面积最多的国家是（　　）。
(A) 日本　(B) 中国　(C) 巴西　(D) 尼日利亚

2. 柑橘树是一种（　　）。
(A) 多年生常绿果树　(B) 落叶性果树　(C) 温带果树　(D) 草本类水果

3. 柑橘苗定植时。采用行距3.5 m，株距3 m，其密度为每市亩（　　）。
(A) 74株　(B) 63株　(C) 58株　(D) 70株

4. 水杉树是乔木类植物，柑橘树属于（　　）。
(A) 乔木类　(B) 小乔木类　(C) 灌木类　(D) 草本类

5. 柑橘根系能使植株不倒伏，主要是根系有（　　）作用。
(A) 合成　(B) 吸收　(C) 输送　(D) 稳固树干

6. 过磷酸钙是一种单元素肥料，施入土壤后，容易（　　）。
(A) 流失　(B) 挥发　(C) 固定　(D) 溶解

7. 草木灰是一种（　　）肥料。
(A) 有机氮肥　(B) 有机磷肥　(C) 有机钾肥　(D) 速效磷肥

8. 温州蜜柑树的花芽分化，通常在（　　）进行。
(A) 夏季　(B) 冬季　(C) 秋季　(D) 春季

9. 增加光照、通风透光，能提高果实的（　　）。

(A) 蛋白质含量　(B) 糖酸比　(C) 香精油含量　(D) 耐储性

10. 柑橘树对土壤的酸碱性要求较高。最适宜的 pH 值为（　）。

(A) 5.5～6.5　(B) 7.5～8.5　(C) 4～5　(D) 8.5 以上

11. 成年柑橘树的生育特点是（　）。

(A) 生长势衰弱　(B) 生长与结果相对平衡

(C) 营养生长旺盛　(D) 坐果率低

12. 柑橘树体营养的来源，绝大部分是通过根系的（　）作用获得。

(A) 生长　(B) 吸收　(C) 储藏　(D) 合成

13. 柑橘树体生理落叶，一般先从（　）部位开始。

(A) 内部　(B) 上部　(C) 下部　(D) 外围

14. 温州蜜柑中，常抽生各种营养枝，其中（　）既有营养枝，又有结果枝。

(A) 夏稍　(B) 秋梢　(C) 晚秋梢　(D) 春梢

15. 柑橘果实成熟期控制水分，对果实能使其（　）。

(A) 提高产量　(B) 果皮光滑　(C) 糖度增加　(D) 成熟期推迟

16. 叶片中的（　）能进行光合作用。

(A) 叶绿素　(B) 蜡质层　(C) 气孔　(D) 主脉和侧脉

17. 柑橘树长期不修剪，枝条凌乱，树龄增加以后会出现（　）。

(A) 平面结果　(B) 立体结果　(C) 不结果　(D) 大量结果

18. 温州蜜柑叶片的正常脱落，通常在（　）出现。

(A) 春季　(B) 夏季　(C) 秋季　(D) 冬季

19. 柑橘树增施磷肥，能促进根系生长和（　）。

(A) 增加产量　(B) 果皮光滑　(C) 提高糖度　(D) 增强树势

20. 柑橘树在春季修剪中，对丛生枝常采取（　）修剪方式。

(A) 合理短截　(B) 合理删疏　(C) 合理回缩　(D) 全部利用

21. 疏花疏果，是针对（　）而采用的措施。

(A) 弱树　(B) 旺树　(C) 丰产树　(D) 幼年树

22. 温州蜜柑叶片的基部常有两张狭窄的小叶，称为（　）。

(A) 掌状叶　(B) 单叶　(C) 单生复叶　(D) 功能叶

23. 尿素是一种（　）性质的肥料。

(A) 酸性　(B) 中性　(C) 碱性　(D) 激素

24. 温州蜜柑进入衰老期后，其果实表现为（　）。

(A) 粗皮大果　(B) 果形小、薄皮、化渣

(C) 畸形果　　(D) 正常状态

25. 对柑橘树进行保花保果，主要针对（　）。

(A) 丰产树　　(B) 中等花量旺树

(C) 衰老树　　(D) 幼年树

26. 叶片通过光合作用，能制造（　）。

(A) 磷元素　　(B) 氮元素　　(C) 钾元素　　(D) 碳化肥

27. 柑橘果实成熟期降雨少，能促进果实（　）。

(A) 产量提高　　(B) 增加糖度　　(C) 退酸慢　　(D) 果型增大

28. 柑橘树生长需要一个适宜的温度环境，因此柑橘树为（　）类型果树。

(A) 温带　　(B) 亚热带　　(C) 热带　　(D) 冷带

29. 柑橘树叶片缺铁、锌等微量元素，会使树体产生（　）。

(A) 果实皮厚　　(B) 果肉化渣　　(C) 叶片黄化　　(D) 叶片脱落

30. 柑橘树中的导管，存在于柑橘树的（　）。

(A) 木质部中　　(B) 韧皮部中　　(C) 表皮中　　(D) 皮层中

31. 温州地区的种植早，在柑橘种类上归类为（　）类型。

(A) 温州蜜柑　　(B) 橘类　　(C) 柑类　　(D) 特早熟

32. 温州蜜柑根系活动的起点温度在（　）。

(A) 15℃　　(B) 12℃　　(C) 8℃　　(D) 18℃

33. 温州蜜柑的结果枝条有（　）。

(A) 1 种　　(B) 2 种　　(C) 3 种　　(D) 4 种

34. 柑橘枝条中，木质部与韧皮部之间为（　）。

(A) 维管束　　(B) 形成层　　(C) 导管　　(D) 筛管

35. 下列枝条分布的各种角度中，（　）角度营养生长势强。

(A) 下垂枝　　(B) 水平枝　　(C) 直立枝　　(D) 斜生枝

36. 叶片在呼吸作用中吸进二氧化碳和水分，然后呼出（　）。

(A) 水分　　(B) 氧气　　(C) 二氧化碳　　(D) 养分

37. 柑橘树对土壤酸碱度的要求以（　）为宜。

(A) 强碱性　　(B) 强酸性　　(C) 微酸性　　(D) 微碱性

38. 柑橘枝梢中，出现明显的丛状枝，修剪上应采（　）方法，合理利用。

(A) 短截　　(B) 疏删　　(C) 回缩　　(D) 全部利用

39. 春季修剪中，往往发现有晚秋梢存在，对晚秋梢通常采取（　）措施。

(A) 去除不利用　　(B) 视生长状况灵活掌握

(C) 短截　　　　　　　　　　　　(D) 回缩

40. 经过嫁接的橘树因（　　）能提早结果。

(A) 生长势强　　(B) 杂交优势　　(C) 品种因素　　(D) 砧木亲和

41. 柑橘树生长发育需要一定的水分条件，水分过多，也会使果实产生（　　）现象。

(A) 味淡糖度低　　(B) 不化渣　　(C) 降低产量　　(D) 抗寒力降低

42. 自然界的风有多种类型，（　　）对柑橘有利。

(A) 台风　　(B) 大风　　(C) 寒风　　(D) 微风

43. 幼年树的施肥原则是（　　）。

(A) 薄肥勤施　　(B) 重施春肥　　(C) 以磷钾为主　　(D) 控制钾肥

44.（　　）出现严重危害时，会引起落果。

(A) 红蜘蛛　　(B) 锈壁虱　　(C) 蚜虫　　(D) 疮痂病

45. 柑橘盛产树花期适度断根，对柑橘树有（　　）作用。

(A) 保护　　　　　　　　　　　　(B) 促进营养生长

(C) 提高果实坐果率　　　　　　　(D) 控制产量

46. 下列土壤类型中，（　　）最不利于柑橘树的根系生长。

(A) 砂土　　(B) 壤土　　(C) 黏土　　(D) 沙壤土

47. 下列温州蜜柑中，（　　）品种为特早熟系。

(A) 尾张　　(B) 德森　　(C) 龟井　　(D) 兴津

48. 柑橘杂柑中的天草果实是经过（　　）方式而形成的。

(A) 异花授粉　　(B) 自花授粉　　(C) 单性结果　　(D) 昆虫授粉

49. 柑橘落果时带果梗一起脱落的是在（　　）。

(A) 第一次期间　　(B) 第二次期间　　(C) 第三次期间　　(D) 高温期间

50. 用于砧木的根是通过（　　）而形成的。

(A) 嫁接作用　　(B) 胚根生长　　(C) 不定根产生　　(D) 砧木的基础

51. 温州蜜柑中的宫本，是通过（　　）而获得。

(A) 嫁接　　(B) 宫川的变异　　(C) 尾张的变异　　(D) 异花授粉

52. 柑橘属冬季采用石灰涂白后，具有（　　）作用。

(A) 杀菌保温　　(B) 增加皮层酸性　　(C) 防晒　　(D) 防害虫危害

53. 使用赤霉素粉剂保果，需要 30×10^{-6} 浓度，50 kg 水中加（　　）。

(A) 1 g　　(B) 1.5 g　　(C) 2 g　　(D) 2.5 g

54. 柑橘枝梢大量开花结果，在生育过程上是一种（　　）反应。

(A) 强势　(B) 弱势　(C) 周期　(D) 基因突变

55. 下列自然灾害中，(　) 对柑橘树生长有严重威胁。

(A) 雪　(B) 雨水　(C) 风　(D) 极端低温

56. 健丽壮是一种水剂，属于 (　)。

(A) 激素　(B) 助剂　(C) 营养液　(D) 催熟剂

57. 柑橘为芸香科，植物学中共分为 (　)。

(A) 1 个属　(B) 2 个属　(C) 3 个属　(D) 4 个属

58. 温州蜜柑果实表皮呈均匀的凹凸不平状，常称它为 (　)。

(A) 油胞　(B) 粗皮果　(C) 病果　(D) 虫斑

59. 柑橘树类常出现大小年现象的主要原因是 (　)。

(A) 生育关系不协调　(B) 施肥不当

(C) 修剪不当　(D) 气候因素

60. 柑橘树内膛枝也会结果，果皮成熟时与外围果的区别是 (　)。

(A) 虫斑多　(B) 不光滑　(C) 光洁度低　(D) 油胞大

61. 下列肥料种类中，(　) 是单元素肥料。

(A) 绿肥　(B) 复合肥　(C) 尿素　(D) 磷酸二氢钾

62. 柑橘果实坐果率高，果形就变小，果皮薄，其果肉 (　)。

(A) 硬　(B) 化渣　(C) 水分少　(D) 味淡

63. 柑橘树的恢复肥，最适宜的施用时期为 (　)。

(A) 采果后　(B) 采果前　(C) 膨果期　(D) 冬季

64. 波尔多液配比中有倍量式、等量式、半量式，主要以 (　) 为依据。

(A) 水分数量　(B) 碳数量　(C) 硫酸铜数量　(D) 稀释浓度

65. 上海地区的柑橘生产中栽培的主要品种为 (　)。

(A) 温州蜜柑　(B) 尾张　(C) 宽皮橘类　(D) 宫川

66. 柑橘一般在果面有 (　) 转色，果实未变软，接近成熟时采收。

(A) 1/3 以上　(B) 1/2 以上　(C) 2/3 以上　(D) 全部

67. 通常情况下，上海地区早熟品系温州蜜柑采收期从 (　) 开始。

(A) 9月下旬　(B) 10月上旬　(C) 10月中旬　(D) 10月下旬

68. 上海就地销售的柑橘应当在保证果品质量的前提下适时采收，提倡 (　) 采收。

(A) 七成熟　(B) 八成熟　(C) 九成熟　(D) 完熟

69. 大风大雨后柑橘采收应隔 (　) 进行。

(A) 半天　(B) 2～3 天　(C) 5 天　(D) 6 天

70. 采收柑橘的采果专用剪，要求（　），刀口锋利，轻便耐用，不伤果实。

(A) 尖头平口　(B) 尖头弯口　(C) 圆头平口　(D) 圆头弯口

71. 柑橘采收时一般要采用（　）。

(A)“一果一剪”法　(B)“一果二剪”法　(C)“二果一剪”法　(D)“二果二剪”法

72. 通常柑橘果实商品化处理的程序是（　）。

(A) 预储后柑橘→洗涤→风干→涂蜡→风（烘）干→分级→贴标→装箱→成品

(B) 预储后柑橘→分级→洗涤→风干→涂蜡→风（烘）干→贴标→装箱→成品

(C) 预储后柑橘→涂蜡→风（烘）干→分级→贴标→装箱→成品

(D) 预储后柑橘→洗涤→风干→分级→涂蜡→风（烘）干→贴标→装箱→成品

73. 柑橘果实果型大小的分级是按果实（　）的大小来划分的。

(A) 直径　(B) 半径

(C) 直径的平均值　(D) 横径

74. 一般柑橘采果肥的施用时间在（　）。

(A) 采果前 7～10 天　(B) 采果后 7～10 天

(C) 采果前后 7～10 天　(D) 边采边施

75. 柑橘成年树挖长条沟施有机肥时，开沟深度一般为（　）。

(A) 10～20 cm　(B) 20 cm 左右　(C) 30～40 cm　(D) 40～60 cm

76.（　）成虫在越冬期间气温回暖时仍能危害柑橘叶片。

(A) 星天牛　(B) 红蜡蚧　(C) 柑橘红蜘蛛　(D) 柑橘潜叶蛾

77. 橘园培土宜在冬季采果后进行，培土前先中耕松土，然后培入塘泥、河泥等土壤，厚度为（　）。

(A) 10 cm 左右　(B) 20 cm 左右　(C) 30 cm 左右　(D) 40 cm 左右

78. 配制白涂剂时，生石灰、食盐、水三者的比例一般为（　）。

(A) 5∶1∶50　(B) 5∶1∶100　(C) 10∶1∶50　(D) 20∶1∶100

79. 柑橘疮痂病的发生部位是（　）。

(A) 根基部　(B) 老叶　(C) 嫩梢、幼果　(D) 枝干

80. 炭疽病是属于（　）一类病害。

(A) 类病毒　(B) 细菌　(C) 病毒病　(D) 真菌

81. 柑橘裂皮病可通过（　）途径传播。

(A) 嫁接　(B) 施肥　(C) 温度　(D) 湿度

82. 柑橘黄龙病可通过（　）措施控制传播。

(A) 严格检疫　(B) 随意调运　(C) 土壤消毒　(D) 药剂防治

83. 柑橘溃疡病是属于（　）一类病害。

(A) 真菌性　(B) 细菌性　(C) 病毒性　(D) 类病毒性

84. 柑橘黑斑病的发生容易引起（　）。

(A) 树势衰退　(B) 植株枯死

(C) 正常生长　(D) 叶、果脱落、腐烂

85. 柑橘树脂病主要危害（　）。

(A) 地下根　(B) 根基部　(C) 叶、果、枝梢　(D) 花

86. 防治柑橘树脂病的根本措施是（　）。

(A) 强壮树势、防冻、合理用药　(B) 经常巡视

(C) 反复查看　(D) 品种改良

87. 柑橘脚腐病发病后，发病部位有一股味道，好像是（　）。

(A) 火药味　(B) 柴油味　(C) 酒精味　(D) 农药味

88. 对柑橘脚腐病可采取药剂涂抹或浇灌，可选用的农药是（　）。

(A) 10%博邦　(B) 3%高效氯氰菊酯

(C) 99%矿物油　(D) 10%一片净

89. 柑橘蚜虫的主要危害部位是（　）。

(A) 嫩枝梢　(B) 果实　(C) 枝干　(D) 根基部

90. 上海地区柑橘凤蝶一年发生（　）。

(A) 1 代　(B) 3～6 代　(C) 8 代　(D) 10 代

91. 柑橘花蕾蛆在分类上属于（　）。

(A) 双翅目　(B) 鳞翅目　(C) 鞘翅目　(D) 膜翅目

92. 防止橘小实蝇传播扩散危害的方法是（　）。

(A) 检疫、诱杀、化防　(B) 冬天清园

(C) 冬天耕地　(D) 夏天灌水

93. 柑橘黑点蚧一年发生（　）。

(A) 1 代　(B) 2 代　(C) 3～4 代　(D) 5～6 代

94. 柑橘介壳虫的天敌有（　）。

(A) 黄金蚜小蜂、整胸寡节瓢虫　(B) 青蛙

(C) 蛤蟆　(D) 蜻蜓

95. 柑橘潜叶蛾的防治效果较好的农药有（　）。

(A) 25%甲霜灵　(B) 1.8%阿维菌素

(C) 41%农达　　　　　　　　　(D) 20%灭草松

96. 蜗牛的活动与天气有密切关系，它常常在（　）出现频繁。

(A) 晴天　　(B) 多云天气　　(C) 阴雨天　　(D) 干旱天

97. 一般柑橘树花的坐果率在（　）。

(A) 1%~2%　　(B) 3%~8%　　(C) 10%　　(D) 20%

98. 柑橘树的施肥方式有对角形、放射形、（　）和撒施法。

(A) 打洞式　　(B) 盘状形　　(C) 浇灌法　　(D) 浸灌法

99. 潜叶蛾危害柑橘嫩叶及果皮，叶片危害严重时，产生卷叶，使叶片畸形，不能进行光合作用，并容易遭受冻害。通常在（　）为最佳用药期，连续用药 2~3 次有很好的防治效果。

(A) 7月上旬　　(B) 7月中旬　　(C) 7月下旬　　(D) 8月上中旬

100. 对蜗牛可采取生物防治，效果突出的措施是（　）。

(A) 6%四聚乙醛投药　　　　(B) 养鸡、鸭

(C) 堆草熏杀　　　　　　　(D) 灯光诱集

理论知识试卷答案

单项选择题（第 1～100 题。选择一个正确的答案，将相应的字母填入括号中。每题 1 分，满分 100 分）

1. B	2. A	3. B	4. B	5. D	6. C	7. C	8. B	9. B	10. A
11. B	12. B	13. C	14. D	15. C	16. A	17. A	18. A	19. C
20. B	21. B	22. C	23. B	24. B	25. B	26. D	27. B	28. B
29. C	30. A	31. B	32. B	33. B	34. B	35. C	36. B	37. C
38. B	39. B	40. B	41. A	42. D	43. A	44. D	45. C	46. C
47. C	48. C	49. A	50. B	51. B	52. A	53. B	54. B	55. D
56. C	57. C	58. A	59. A	60. C	61. C	62. B	63. A	64. C
65. A	66. C	67. D	68. D	69. B	70. C	71. B	72. A	73. D
74. C	75. C	76. C	77. A	78. D	79. C	80. D	81. A	82. A
83. B	84. D	85. C	86. A	87. C	88. A	89. A	90. C	91. A
92. A	93. C	94. A	95. B	96. C	97. B	98. B	99. D	100. B

操作技能考核模拟试卷

注 意 事 项

1. 考生根据操作技能答题通知单中所列的试题做好答题准备。

2. 请考生仔细阅读试题单中具体答题内容和要求，并按要求完成操作或进行笔答或口答，若有笔答请考生在答题卷上完成。

3. 操作技能答题时要遵守考场纪律，服从考场管理人员指挥，以保证答题安全顺利进行。

注：操作技能鉴定试题评分表及答案是考评员对考生答题过程及答题结果的评分记录表，也是评分依据。

国家职业资格鉴定

柑橘栽培（专项职业能力）操作技能考核通知单

姓名：

准考证号：

考核日期：

试题 1

试题代码：1.1—1.7。

试题名称：柑橘栽培农事对象识别。

考核时间：20 min。

配分：15 分。

试题 2

试题代码：2.1。

试题名称：室外识别：春梢、夏梢、秋梢指认。

考核时间：6 min。

配分：15 分。

试题 3

试题代码：3.1。

试题名称：移栽：苗床的整地与作畦。

考核时间：20 min。

配分：15 分。

试题 4

试题代码：4.1。

试题名称：整形、修剪：幼树整形。

考核时间：20 min。

配分：20 分。

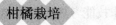

柑橘栽培（专项职业能力）操作技能鉴定

试题单

试题代码：1.1—1.7。

试题名称：柑橘栽培农事对象识别。

考核时间：20 min。

1. 操作条件

（1）60～70 m^2 教室。

（2）多媒体放映设备（或考生每人一台计算机）。

（3）识别用的柑橘相关图片（见彩插）。

2. 操作内容

（1）识别 4 种常见树种（见彩图 9～彩图 12）。

（2）识别 4 种常见果实（见彩图 18、彩图 19 和彩图 21、彩图 22）。

（3）识别 4 种常见肥料（见彩图 80～彩图 83）。

（4）识别 5 种常见病害（见彩图 55～彩图 59）。

（5）识别 5 种常见害虫（见彩图 71～彩图 75）。

（6）识别 4 种缺素症状（见彩图 31～彩图 34）。

（7）识别 4 种常见土壤类型（见彩图 26～彩图 29）。

3. 操作要求

按顺序规范填写所示图片的名称。

柑橘栽培（专项职业能力）操作技能鉴定

答题表

考生姓名：　　　　　　　　　　　　　　准考证号：

按顺序规范填写所示图片的名称

序号	名称	序号	名称	序号	名称
1		11		21	
2		12		22	
3		13		23	
4		14		24	
5		15		25	
6		16		26	
7		17		27	
8		18		28	
9		19		29	
10		20		30	

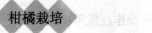

柑橘栽培（专项职业能力）操作技能鉴定

试题评分表

考生姓名：　　　　　　　　　　　　　　准考证号：

试题代码及名称		1.1—1.7 柑橘栽培农事对象识别	答题时间（min）	20
评价要素	配分	评分标准		得分
按顺序规范填写所示图片的名称 1. 使用中文名称标准学名填写 2. 有错别字算错	15	每错一处扣 0.5 分		
合计配分	15	合计得分		

答案

序号	名称	序号	名称	序号	名称
1	金橘树	11	尿素	21	红蜡蚧
2	脐橙树	12	磷酸二氢钾	22	裂皮病
3	尾张树	13	壤土	23	树脂病
4	宫川树	14	砂砾土	24	炭疽病
5	南丰蜜橘	15	煤渣土	25	根腐病
6	福橘	16	砾石土	26	黑点病
7	温州蜜柑	17	天牛	27	缺磷症
8	槾橘	18	矢尖蚧	28	缺钾症
9	有机肥	19	蚜虫	29	缺镁症
10	生物菌肥	20	小黄卷叶蛾	30	缺锌症

柑橘栽培（专项职业能力）操作技能鉴定

试题单

试题代码：2.1。

试题名称：室外识别：春梢、夏梢、秋梢指认。

考核时间：10 min。

1. 操作条件

（1）春梢、夏梢、秋梢上贴上标记贴 100 个。

（2）标记贴编号 1～100 号。

（3）将 5 个标记贴交叉编列 20 组，每组 5 个标记贴。

（4）1～20 组随机抽签标志。

（5）柑橘春梢、夏梢、秋梢彩图 10 张。

（6）一支笔。

（7）一张 A4 纸。

（8）一张夹页案板。

2. 操作内容

（1）考时抽签、确定识别组别，观察柑橘春梢、夏梢、秋梢外观、色泽、形态、长势。

（2）按编号识别单组 5 个标记贴，正确填写柑橘春梢、夏梢、秋梢名称。

（3）抽样并估计该柑橘枝梢是何时生长的。

3. 操作要求

（1）随机抽签、选定某个识别组，柑橘枝梢不得随意采摘或扳折。

（2）识别相应组的 5 个标记贴。

（3）识别每个标记贴，时间不超过 3 min。

（4）准确填写柑橘枝梢的生长期（春梢、夏梢、秋梢）。

柑橘栽培（专项职业能力）操作技能鉴定

试题评分表

考生姓名：　　　　　　　　　　　　　　　准考证号：

试题代码及名称		2.1 室外识别：春梢、夏梢、秋梢指认		答题时间（min）	6
编号	评分要素	配分	分值	评分标准	实际得分
1	指认准确	10	10	5 项指认中全对得满分	
			6	5 项指认中 3 项及其以上正确	
			4	5 项指认中 2 项正确	
			0	5 项指认中 1 项正确或全错	
2	指认轻重	3	3	无扳折痕迹	
3	指认时间	2	2	识别时间不超过 6 min	
合计配分		15			

柑橘栽培（专项职业能力）操作技能鉴定

试题单

试题代码：3.1。

试题名称：移栽：苗床的整地与作畦。

考核时间：20 min。

1. 操作条件

（1）空地 150 m^2。

（2）常用型铁搭 6 把。

（3）中小号准绳 10 m，插头 2 个。

2. 操作内容

（1）正确灵活使用铁搭。

（2）用铁搭拍土块、平地。

（3）标准绳，用铁搭削出浅沟，形成畦架、畦沟。

（4）用铁搭做出半椭圆形畦背。

3. 操作要求

（1）使用铁搭操作规范。

（2）整地泥细、土平、无杂草。

（3）开削畦沟深浅适宜。

（4）畦线均匀平直。

（5）畦宽 1.2 m，南北向。

（6）畦背呈条块方正、半椭圆形。

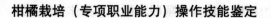

柑橘栽培（专项职业能力）操作技能鉴定

试题评分表

考生姓名：　　　　　　　　　　　　　　　　准考证号：

试题代码及名称		3.1 苗床的整地与作畦		答题时间（min）	20
编号	评分要素	配分	分值	评分标准	实际得分
1	铁搭使用	2	2	铁搭整地动作与姿势标准得满分，否则不得分	
2	畦沟深浅	3	2	畦沟深浅适宜，深度约为 5 cm，得满分，否则不得分	
			1	畦沟平整，无泥块得满分	
3	畦线	5	2	标准绳牵拉正确呈笔直状得满分，否则不得分	
			2	畦线呈直线不弯曲得满分，否则不得分	
			1	畦壁平直无凹陷得满分，否则不得分	
4	整地	5	2	整地泥细者得满分，否则不得分	
			2	畦背呈光滑抛物线形得满分，否则不得分	
			1	整地无杂草者得满分	
合计配分		15			

柑橘栽培（专项职业能力）操作技能鉴定

试题单

试题代码：4.1。

试题名称：整形、修剪：幼树整形。

考核时间：20 min。

1. 操作条件

（1）定植后第一次新梢刚萌发阶段的幼树一棵。

（2）拉枝绳 5 m，小木桩若干。

（3）长短支撑棒若干。

（4）枝剪 1 把。

（5）手套 1 副。

2. 操作内容

（1）拉枝，撑枝。

（2）吊枝。

（3）剪枝。

3. 操作要求

（1）拉枝，撑枝：将分枝角度小的，用塑料带或麻绳缚在小桩上将它拉开，也可在两枝条中间撑一支小棒使角度变大；主枝均偏于树冠一边的，则把它拉开使其分布均匀。

（2）吊枝：将分枝角度大的，用塑料带或麻皮线吊起。

（3）剪枝：剪除不定位的徒长枝和干扰树冠的树枝。

柑橘栽培（专项职业能力）操作技能鉴定

试题评分表

考生姓名：　　　　　　　　　　　　　　准考证号：

试题代码及名称		4.1 整形、修剪：幼树整形			答题时间（min）	20
编号	评分要素	配分	分值	评分标准		实际得分
1	拉枝，撑枝	13	8	用塑料带或麻绳缚在小桩上将枝拉开并定位适当；主枝均偏于树冠一边的，则把它拉开使其分布均匀		
			5	在两枝条中间撑一支小棒使角度变大并固定牢固		
2	吊枝	3	3	将分枝角度大的，用塑料带或麻皮线吊起，使分枝角度与主干成45°角		
3	剪枝	4	4	剪除不定位的徒长枝和干扰树冠的树枝		
合计配分		20				